SALZLOSE DIÄT

Speisezettel für 365 Tage aus der Hauptküche
der Charité Berlin

von

Oberschwester **Johanna Schneider**

Mit einem Geleitwort von
Professor Dr. **Fr. Blumenthal**
Leiter der Charité-Hautklinik Berlin

Berlin
Verlag von Julius Springer
1931

Alle Rechte, insbesondere das
der Übersetzung in fremde Sprachen, vorbehalten.
Copyright 1931 by Julius Springer in Berlin.

ISBN-13: 978-3-642-98252-1   e-ISBN-13: 978-3-642-99063-2
DOI: 10.1007/ 978-3-642-99063-2

Geleitwort.

Die bei der Hauttuberkulose mit der Sauerbruch-Herrmannsdorfer-Gerson-Kost erzielten ausgezeichneten Erfolge sichern der Diätbehandlung mit den wichtigsten Platz bei der Bekämpfung dieser Erkrankung. Wenn sich bisher diese Kostform nur in einzelnen wenigen Krankenanstalten hat durchsetzen können, so ist der Grund hierfür wohl darin zu sehen, daß sie einer besonders liebevollen und aufmerksamen Zubereitung bedarf, und daß ferner die nötige Abwechslung ohne genügende Kenntnisse nicht selten Schwierigkeiten bereitet. Bei der Durchführung der Sauerbruch-Herrmannsdorfer-Gerson-Diät in der Berliner Universitäts-Hautklinik hatten wir das Glück, in der die Zentralküche der Charité leitenden Oberschwester Johanna Schneider eine verständnisvolle Mitarbeiterin zu finden, die nicht nur auf jeden unserer Wünsche bereitwilligst einging, sondern auch selbst wertvolle Anregungen für die Zusammensetzung und wirtschaftliche Zubereitung gab.

Da ich weiß, welche Schwierigkeiten nicht nur für Privathaushalte, sondern auch für manche Krankenanstalten bestehen, diese Kostform in schmackhafter und zweckmäßiger Weise durchzuführen, so habe ich es mit besonderer Freude begrüßt, daß Oberschwester Johanna Schneider sich entschlossen hat, die in der Zentralküche der Charité gemachten Erfahrungen einem größeren Kreise zugänglich zu machen, und ich hoffe, daß auf diese Weise die Sauerbruch-Herrmannsdorfer-Gerson-Diät bei der Behandlung der Hauttuberkulose diejenige allgemeine Verbreitung finden wird, die sie meiner Ansicht nach bisher nur aus äußeren Gründen nicht erreichen konnte.

Franz Blumenthal.

Vorwort.

Infolge der Aufmerksamkeit, die man in medizinischen Fachkreisen den Wirkungen der salzlosen Diät widmete, und angeregt besonders durch die großzügigen und günstigst verlaufenden Diätversuche, die Herr Geheimrat Prof. Dr. Sauerbruch in Verbindung mit Herrn Prof. Dr. Herrmannsdorfer durchführte, faßte die Hautklinik der Charité unter der Leitung des Herrn Professors Franz Blumenthal den Plan, die S.-H.-G.-Diät bei Lupus im großen zu verordnen.

Aus äußeren Gründen konnte der Forderung nach einer eigenen Diätküche wegen des damit verbundenen Kostenaufwandes nicht entsprochen werden. Um das Vorhaben nicht scheitern zu lassen, gab es nur den einen Ausweg, die Diät in der Charité-Zentralküche kochen zu lassen.

Die verantwortlichen Ärzte standen dieser Lösung mit geringen Hoffnungen auf einen positiven Ausgang gegenüber. Eine der Hauptforderungen dieser Diät besteht ja darin, daß sie immer frisch und auf keinen Fall gewärmt verabreicht werden darf, weil durch längeres Stehen und wiederholtes Wärmen wichtige Nährstoffe ihre Wirksamkeit verlieren. Diese Erfordernis schien durch die Entfernung zwischen Küche und Klinik und die sich daraus ergebenden Transportschwierigkeiten nicht gewährleistet. Auch wir in der Küche Verantwortlichen sahen besorgt den Dingen entgegen. Jeder in ähnlicher Tätigkeit Stehende weiß, wie ungeheuer schwer die Aufgabe ist, aus Zentralküchen eine große Schar von Menschen — bei uns sind es ca. 2000 — zu allgemeiner Zufriedenheit zu beköstigen. Und nun sollte diese Küche auch noch die Belastungsprobe bestehen, einer Sonderdiät gerecht zu werden, die von den Patienten infolge der Salzlosigkeit ungern genommen wird und darüber hinaus von ihnen Verständnis und Geschmacksumstellung erfordert.

Trotz aller Bedenken machten wir uns ans Werk, und bei dem großen Interesse, das alle Beteiligten der Aufgabe entgegenbrachten, kam es zwischen Hautklinik und Küche zu gedeihlicher Zusammenarbeit. Diese Zusammenarbeit zielte besonders darauf hin, bei der Aufstellung der Speisezettel neben den ärztlichen

Vorschriften möglichst Wünsche der Patienten aufzunehmen und zu verwerten. So fanden sehr häufig Besprechungen zwischen den Beteiligten statt, und manche wenig zusagende Speise konnte als Ergebnis dieser Beratung abgesetzt und durch eine beliebtere ersetzt werden. Es wurde dann diese an sich wenig reizvolle Diät auch willig von den Patienten bis zu 18 Monaten genommen.

Die bei der S.-H.-G.-Diät gemachten Erfahrungen lehrten, wie wünschenswert es wäre, eine so enge Fühlungnahme auch auf dem Gebiet der allgemeinen Verpflegung herzustellen. Viele Unstimmigkeiten ließen sich dadurch sehr leicht beseitigen.

Besonders beliebte Gerichte waren z. B. Salat mit Sahne, weißer Käse mit Schnittlauch, in der heißen Jahreszeit kalte Obstsuppen; im Winter die von Bircher-Benner angegebenen „Müsle". Als schmackhaft empfunden wurde auch gewürztes Rinderherz (Rezept im Anhang), da hier durch Gewürze das fehlende Salz etwas ausgeglichen wurde. Gebratenes wie Koteletts, Schnitzel stehen ihrer Beliebtheit wegen oft auf unserm Speisezettel. Kartoffelpuffer sind zwar in so großen Mengen mühsam herzustellen, aber wir geben auch sie auf Wunsch des öfteren. Sie sind geeignet, wegen ihrer Billigkeit die Ausgaben zu verringern.

Die salzlose Kost steht in dem Rufe, unverhältnismäßig teuer zu sein, weil dem Patienten zum Ersatz für die fehlende Würze eine besonders gute Qualität geboten werden müsse.

Meine Erfahrungen gehen dahin, daß die Diät nicht unbedingt kostspielig sein muß. Ich möchte hervorheben, daß wir billig wirtschafteten und täglich im Durchschnitt mit einem Verpflegungssatz von 2,20—2,50 M. auskamen. Ich füge eine Preisberechnung für vier Wochen im Jahr bei, wobei auf jedes Vierteljahr eine Woche fällt.

Diese Aufstellung eines täglichen Kostzettels für das laufende Jahr, so wie wir es hier an der Charité für die 3. Klasse Patienten durchführen können, ist dem Bedürfnis entsprungen, unsern entlassenen Patienten den nötigen täglichen Ratgeber mitzugeben. Größere Schwierigkeiten bereitet die Durchführung der S.-H.-G.-Diät den Patienten, denen häusliche Verhältnisse nicht gestatten, auch nur vorübergehend sich im Krankenhaus zunächst an die Kost zu gewöhnen und die Wichtigkeit eines abwechslungsreichen Speisezettels zu erfassen. Auch war es bisher nicht möglich, ohne wöchentliche Kontrolle ihrer Speisezettel, nach Aussage der behandelnden Ärzte, annähernd gleiche Resultate wie in der Klinik zu erzielen. Anders bei unsern entlassenen Patienten, die sich während des Aufenthaltes die Kostzettel abgeschrieben hatten.

Man hört mitunter Klagen über die Schwierigkeiten, die salzlose Kost zur Zufriedenheit der Patienten herzustellen. Ich bin der Meinung, daß eine gute Köchin, die mit Interesse und Liebe zu ihrer Sache steht, die Aufgabe leicht löst. Durch dieses Büchlein hoffe ich, einiges zur Erleichterung der Arbeit auf diesem Gebiet beitragen zu können.

Berlin, im August 1931.

Oberschwester **Johanna Schneider.**

Inhaltsverzeichnis.

Seite

Verzeichnis der verbotenen und erlaubten Nahrungsmittel . 1
   Verbotene Speisen 1
   Beschränkt erlaubte Speisen 1
   Erlaubte Speisen 2
   Gewürze 2
   Tageseinteilung 3
Speisezettel zur besonderen salzlosen Diät für 53 Wochen 4
Muster für die Kostenberechnung 57
Kochrezepte 64

Verzeichnis der verbotenen und erlaubten Nahrungsmittel[1, 2].

Verbotene Speisen.

Kochsalz.
Konserven jeder Art.
Geräuchertes oder gewürztes Fleisch (Wurst und Schinken).
Geräucherter oder gesalzener Fisch.
Bouillonwürfel, Suppenwürze und Extrakte, soweit sie nicht ausdrücklich erlaubt sind.

Beschränkt erlaubte Speisen.

Mehl (etwa 30 g täglich). Salzloses Brot, Vollkornbrot, Knäckebrot, Pumpernickel. Zwieback. Nudeln, Makkaroni. Bäckereien.

Kartoffeln (höchstens $1/4$ Pfund täglich).

Zucker (etwa 30 g täglich): Brauner Kandiszucker und echter Bienenhonig sind zum Süßen zu bevorzugen. Schleimlösend wirkt bestrahlte Malzhefe (Heliosan) der Cenovis-Werke, München, Rosenheimer Straße, die teelöffelweise zwischen den Mahlzeiten verabreicht werden kann.

Reis (ungeschälter Rangoonreis), Grieß, Maizena, Tapioka, Graupen, Haferflocken.

Pfeffer.

Weinessig, Citrovinessig (Chem.-pharm. A.-G. Bad Homburg, Frankfurt a. M.).

---

[1] Ich habe von der liebenswürdigen Erlaubnis des Herrn Professor Herrmannsdorfer Gebrauch gemacht, und die Diätvorschrift seinem Buche entnommen. Nur ein Absatz über Arzneien wurde dem besonderen Zwecke dieses Buches entsprechend, fortgelassen.

[2] Die streng salzlose Diät für Tuberkulosekranke ist nach Hinzufügung von Salz zu den Speisen auch als Hausmannskost empfehlenswert durch ihre Abwechslung; ganz besonders dort, wo im Haushalt junge Menschen heranwachsen, oder wo durch Krankheit die Widerstandskraft schnell zurückerworben werden soll. Aus diesem Grunde sind im Speisezettel auch die Speisen berücksichtigt, die ärztlicherseits zur Förderung der Blutbildung empfohlen werden.

Verzeichnis der verbotenen und erlaubten Nahrungsmittel.

Liebigs Fleischextrakt.
Dardex und Carnolactin der Kibo G. m. b. H., Frankfurt a. M.
Bier („Heilbier", Malzbier, alkoholarmes Starkbier).
Marsala, Malaga, Madeira, Rotwein und Weißwein (als Zusatz zu den Speisen).
Kaffee, Kakao, Tee, Tisane (Deutscher oder Kräutertee, z. B. aus Lindenblüten, Pfefferminz, Kamillen oder dergleichen).
Anmerkung: Die Kost möglichst trocken halten! Keine Getränke außer den erlaubten!

Erlaubte Speisen.

Frisches Fleisch (etwa 600 g in jeder Woche).
Eingeweide (Bries, Hirn, Leber, Lunge, Niere, Milz).
Frische Fische.
Milch: Etwa 1—1$^1/_4$ Liter täglich in jeder Form; besonders rohe Milch, wenn Quelle einwandfrei; ferner saure Milch, Kefir, Joghurt, Joghurtkäse, salzarmer Käse, Quark, Topfkäse; täglich etwa $^1/_4$ Liter Sahne (Rahm).
Fette: Salzlose Molkereibutter (etwa 80—100 g täglich), Olivenöl, Schmalz (Schweinefett), salzloser Speck.
Obst und Früchte: Möglichst viel rohes, aber auch gekochtes, eingewecktes und getrocknetes Obst (z. B. Datteln, Feigen, Kastanien, Traubenrosinen, Sultaninen, Nüsse, Mandeln, Dörrobst). Kompotte, Marmeladen, Fruchtgelee, Fruchtsäfte, Apfelmost, Mandelmilch. Früchtebrot (herzustellen nach Dr. A. Oetkers Schulkochbuch, Verlag von Dr. A. Oetker, Bielefeld).
Salate und Gemüse: Gemüse nicht abbrühen, sondern nur dämpfen! Viel frisches Gemüse (auch rohe Preßsäfte). Tomaten, gelbe Rüben (Möhren), Schwarzwurzeln, Kohlrabi, Lauch, rote Rüben, Kohlrüben, Spargel, Blumenkohl, Rot- und Weißkraut, gewässertes Sauerkraut, Winterkohl, Rosenkohl, Wirsing, Kresse, Endivien-, Feld- und Kopfsalat, Rhabarber, Sauerampfer, Spinat, Erbsen, Bohnen, Linsen, Pilze, Gurken, Kürbis, Melonen.
Eier: Auch in Majonaise, Tunke, Puddings, Crèmes, Brei.

Gewürze.

Alle Kräuter: Majoran, Estragon, Dill, Gurkenkraut (Borretsch), Pfefferminzkraut, Kerbel, Zwiebeln, Porre, Spanischer Pfeffer, Kapern, Lorbeerblätter, Wacholderbeeren, Schnittlauch, Kümmel, Zitronen, Petersilie, Salbei, Basilikum, Rosmarin,

Verzeichnis der verbotenen und erlaubten Nahrungsmittel. 3

Sellerie, Knoblauch, Meerrettich, Rettich, Radieschen, Suppenkräuter (Wurzelwerk), Ingwer, Vanille, Zimt, Anis, Korinthen, Mandeln, Kokosnüsse, Nüsse, Paranüsse, Rosinen.

Alle Kräuter nach Möglichkeit in frischem Zustande verwenden; für den Winter stelle man sich Kräuteressig her oder benutze getrocknete Kräuter.

Cinovis-Nährhefe und Cenovis- (Vitamin-) Extrakt, kochsalzfrei nur auf besondere Bestellung, zu beziehen unmittelbar von den Cenovis-Werken, München, Rosenheimer Straße.

Tageseinteilung.

Die Kost wird auf folgende Mahlzeiten verteilt:

7 Uhr: Brei (etwa $\frac{1}{4}$ Liter Milch, Haferflocken oder Reis oder Grieß oder Maizena oder Tapioka oder Hirse oder dergleichen; $\frac{1}{2}$ Ei, 1 Eßlöffel Butter, Zucker, Zitrone oder Zimt oder Vanille).

9 Uhr: Dünner Kaffee (entweder Malz oder nur wenige Bohnen) mit viel Milch, nach Wunsch auch Milchkakao oder Milchtee; Brot, Butter oder Marmelade oder Honig. Dazu rohes Gemüse (gelbe Rüben, Kohlrabi, weiße Rüben, Blumenkohl, Gurken, Sauerampfer, Sellerie, Rettich, Radieschen, Tomaten, grüne Erbsen [Schoten], frische Maiskolben oder dergleichen). Diese Rohkost soll im Laufe des Tages verzehrt werden.

10 Uhr: Bei empfindlichen Verdauungsorganen statt Rohgemüse eine Tasse Gemüsepreßsaft. Schwache und Schwerkranke lasse man auch rohe, mit Zitronensaft beträufelte Eidotter schlucken.

12 Uhr: Mittagessen: Suppe eingeschränkt, ein Gang, rohes Obst oder (im Winter) Kompott.

3 Uhr: Sahne (nach Belieben mit etwas Kaffee oder Tee), Obstkuchen, Keks, Zwieback, Butter- oder Marmelade- oder Honig- oder Früchtebrot.

5½ Uhr: Abendessen: ein Gang und Obst.

8 Uhr: Brei (wie morgens); im Sommer statt dessen an heißen Tagen saure Milch.

Über den ganzen Tag verteilt wird die vorgeschriebene Milch verabreicht.

Speisezettel zur besonderen salzlosen Diät[1].
Woche vom 30. Dezember 1929 bis 5. Januar 1930.

Tage	7 Uhr	9 Uhr	10 Uhr Rohkost[2]	12½ Uhr Mittagessen	4 Uhr	6½ Uhr Abendessen	8 Uhr
Montag	Dicke Grießsuppe	Malzkaffee mit Milch und Sahne, 1 Kernbrotschnitte mit Butter, Honig oder Marmelade	Mohrrüben — Mandar.	Rindfleisch mit Kartoffeln und Wirsingkohl, eingekocht, Aprikosenkompott	Malzkaffee Brötchen	Weinreis mit Vanillesauce	⅛ Liter Kaffeesahne
Dienstag	Haferflocken		Blumenkohl — Bananen Feigen	Linsensuppe mit viel Suppengrün, falscher Hase, Spinat[3]	Zwieback	Brathering Bratkartoffeln, 1 Satte dicke Milch	
Mittwoch	Grieß		Kohlrabi — Apfelsinen	Gemüsesuppe, Karpfen in Bier, Selleriesalat	Schrippen	Bunte Brötchen, 1 Fl. Malzbier	
Donnerstag	Haferflocken		Kohlrüb. — Weintrauben	Weißbiersuppe *, Gulasch, Endiviensalat	Brötchen	Weißkohlauflauf mit Hammelfleisch	
Freitag	Grieß		Sellerie — Äpfel	Tomatensuppe mit Reis, Kartoffelpuffer, Apfelmus	Zwieback	Gebrat.Speck m.Zwieb., Pellkartoffeln, Sahnenjoghurt, mit Zimt und Zucker	
Sonnabend	Haferflocken		Mohrrüb. — Mandar. Bananen	Selleriesuppe*, Schweinefleisch, Grünkohl	Schrippen	1 Scheibe Brot, 1 Ei in Remolade Salat mit Sahne	
Sonntag	Grieß		Äpfel — Apfelsinen	Nierensuppe, Rinderfilet, Blumenkohl mit brauner Butter, Weingelee, Vanillesauce	Napfkuchen mit Rosinen und Mandeln	2 Schnitten mit kaltem Braten Salat von roten Rüben	

[1] Zu den mit * versehenen Gerichten sind Rezepte am Schluß des Buches beigefügt.
[2] Das Obst der 10 Uhr-Rohkost kann auch am Schluß der Mittagsmahlzeit eingenommen werden.

Woche vom 6. Januar bis 12. Januar 1930.

Tage	7 Uhr	9 Uhr	10 Uhr Rohkost	12½ Uhr Mittagessen	4 Uhr	6½ Uhr Abendessen	8 Uhr
Montag	Dicke Haferflockensuppe	Malzkaffee mit Milch und Sahne, 1 Kernbrotschnitte mit Butter, Honig oder Marmelade	Salzloser Sauerkohl — Mandar., Datteln	Brühe mit Mohrrüben und Petersilie, Schweinerippchen in Bier*, Tomatensalat mit Öl	Malzkaffee Brötchen	Bechamellekartoffeln, roter Rübensalat	⅛ Liter Kaffeesahne
Dienstag	Grieß		Rettich — Weintrauben	Schweinefleisch mit Kohlrüben und Kartoffeln eingekocht, Buttermilchspeise, Vanillensauce	Zwieback	2 Schnitten Brot, gedünsteter Schellfisch in Remoulade	
Mittwoch	Haferflocken		Mohrrüben — Apfelsinen	Zitronensuppe, Kalbsfrikassee, Blumenkohl, gemischtes Kompott von Äpfeln und Mohrrüben	Schrippen	1 Schnitte mit Käse, 2 Äpfel im Schlafrock	
Donnerstag	Grieß		Sellerie — Äpfel	Blumenkohlsuppe, gefüllter Weißkohl, Aprikosen	Brötchen	1 gekochtes Ei, warmer Kartoffelsalat	
Freitag	Haferflocken		Kohlrüb. — Bananen Mandar.	Bratfisch, Kartoffeln, Salat mit Sahne, Schokoladenspeise	Zwieback	Frische Bratkartoffeln, Mohrrüben mit Petersilie	
Sonnabend	Grieß		Mohrrüb. — Ananas	Lebersuppe*, Hefeklöße mit brauner Butter, Zimt und Zucker, frisches Backobst	Schrippen	Pellkartoffeln, Spinat, 1 Setzei	
Sonntag	Haferflocken		Äpfel — Apfelsinen Feigen	Einlaufsuppe mit Petersilie, Frikandeau, Rosenkohl, Zitronencreme	Butterkuchen	2 Schnitten, Hering in Gelee, 1 Apfel, 1 Fl. Malzbier	

Woche vom 13. Januar bis 19. Januar 1930.

Tage	7 Uhr	9 Uhr	10 Uhr Rohkost	12½ Uhr Mittagessen	4 Uhr	6½ Uhr Abendessen	8 Uhr
Montag	Dicke Grießsuppe	Malzkaffee mit Milch und Sahne, 1 Kernbrotschnitte mit Butter, Honig oder Marmelade	Rettich — Birnen	Petersiliensuppe, Zungenragout, Kartoffeln	Malzkaffee Brötchen	Spätzle mit braüner Butter, Zimt und Zucker, Salat mit Sahne	⅛ Liter Kaffeesahne
Dienstag	Haferflocken		Äpfel — Mandar. Feigen	Backobstsuppe *, Gefüllte Tomaten, Kartoffelbrei, Aprikosenmüsle	Zwieback	1 Käseschnitte, 2 Hefeplinse *	
Mittwoch	Grieß		Mohrrüb. — Wein	Brühe mit Markklößen, Minutenfleisch, Schwarzwurzel, Apfelmus	Schrippen	Sahnekartoffeln *, 1 gekochtes Ei	
Donnerstag	Haferflocken		Blumenkohl — Apfelsin.	Grünkernsuppe, Schweinebraten, Sauerkohl	Brötchen	2 Butterschnitten, Rettichsalat, 1 Apfel	
Freitag	Grieß		Kohlrüb. — Ananas	Brühe mit Einlage von Wirsingkohl und Tomaten, Hecht grün, Salat mit Sahne	Zwieback	Rohe Bratkartoffeln, 1 Setzei, Tomatensalat	
Sonnabend	Haferflocken		Sellerie — Mandar. Banan.	Gebrat. Leber, Rosenkohl, Backpflaumen	Schrippen	Pellkartoffeln, weißer Käse mit Schnittlauch, Butter	
Sonntag	Grieß		Äpfel — Apfelsinen	Brühe mit Nudeln und Petersilie, Schweinefilet mit Sahnensauce, Rotkohl, Mokkacreme	Streußelkuchen	2 Schnitten mit Schnittlauchbutter, 1 Banane. 1 Fl. Malzbier	

Woche vom 20. Januar bis 26. Januar 1930.

Tage	7 Uhr	9 Uhr	10 Uhr Rohkost	12½ Uhr Mittagessen	4 Uhr	6½ Uhr Abendessen	8 Uhr
Montag	Dicke Haferflockensuppe	Malzkaffee mit Milch und Sahne, 1 Kernbrotschnitte mit Butter, Honig oder Marmelade	Kohlrüb. — Mandar. Haselnüsse	Erbsensuppe, Poln. Crasy*, Salat mit Sahne	Malzkaffee Brötchen	1 Käseschnitte, Arme Ritter, Apfelmus	⅛ Liter Kaffeesahne
Dienstag	Grieß		Äpfel — Bananen Datteln	Blumenkohlsuppe, Grießklöße mit Aprikosenkompott	Zwieback	1 Rührei, Spinat, Pellkartoffeln	
Mittwoch	Haferflocken		Blumenkohl — Ananas	Kartoffelsuppe mit viel Petersilie, Brisoletts, Salat mit Sahne	Schrippen	Majorankartoffeln, 1 Satte dicke Milch	
Donnerstag	Grieß		Mohrrüb. — Mandar. Feigen	Brühe mit Einlage von Rosenkohl und Schwarzwurzel, Schweinekamm gebraten, Grünkohl	Brötchen	2 Schnitten mit Quark und Kümmel, 1 Apfel	
Freitag	Haferflocken		Sellerie — Apfelsinen	Grünkernsuppe, Schlei mit brauner Butter, Endiviensalat	Zwieback	Bratkartoffeln*, 1 Brathering, Apfelmus	
Sonnabend	Grieß		Rettich — Birnen	Schweinerippchen mit Mohrrüben und Kartoffeln eingebrockt, Apfelmus	Schrippen	Pellkartoffeln, Sauerkraut, Speckwürfel mit Zwiebel, Joghurt	
Sonntag	Haferflocken		Äpfel — Apfelsinen Datteln	Brühe mit Schwämmklößchen, Fleischvögel*, Blumenkohl mit brauner Butter, Mandarinencreme	Pflaumenkuchen	2 Schnitten, 1 Ei, 1 Tomate, 1 Mandarine, 1 Fl. Malzbier	

Woche vom 27. Januar bis 2. Februar 1930.

Tage	7 Uhr	9 Uhr	10 Uhr Rohkost	12½ Uhr Mittagessen	4 Uhr	6½ Uhr Abendessen	8 Uhr
Montag	Dicke Grießsuppe	Malzkaffee mit Milch und Sahne, 1 Kernbrotschnitte mit Butter, Honig oder Marmelade	Getrockn. Pflaumen — Mandar. Bananen	Irisch Stew, Apfelspeise	Malzkaffee Brötchen	Reisauflauf mit Tomaten	⅛ Liter Kaffeesahne
Dienstag	Haferflocken		Mohrrüb. — Birnen	Selleriesuppe, Ged. Kotelett, Mischgemüse	Zwieback	1 Schnitte mit Käse, Apfelauflauf	
Mittwoch	Grieß		Rohes Sauerkrt. — Apfelsin.	Tomatensuppe, Huhn gebraten Salat mit Sahne	Schrippen	Petersilienkartoffeln, 1 Satte dicke Milch	
Donnerstag	Haferflocken		Kohlrüb. — Äpfel	Lebersuppe, Schnitzel, Rosenkohlsalat	Brötchen	2 Schnitten mit Hering in Gelee*, 1 Apfelsine	
Freitag	Grieß		Getrockn. Trauben — Nüsse Apfelsin.	Fischfrikassee, Endiviensalat, Mandarinenspeise mit Saft	Zwieback	Kartoffelsalat m. Meerrettich, 1 gekochtes Ei	
Sonnabend	Haferflocken		Mohrrüb. — Feigen Bananen	Bouillon mit Einlage von Reis, Mohrrüben und Petersilie, Haferflockenbrätlinge, Rotkohl	Schrippen	Pellkartoffeln, Braune Butter, Wirsingsalat	
Sonntag	Grieß		Äpfel — Mandar. Datteln	Brühe mit Nudeln und Petersilie, Roastbeef, Schwarzwurzeln, Apfelspeise mit Vanillesauce	Apfelkuchen	2 Schnitten mit Käse, 1 Tomate, Fl. Malzbier	

Woche vom 3. Februar bis 9. Februar 1930[1].

Tage	7 Uhr	9 Uhr	10 Uhr Rohkost[2]	12½ Uhr Mittagessen	4 Uhr	6½ Uhr Abendessen	8 Uhr
Montag	Dicke Haferflockensuppe	Malzkaffee mit Milch und Sahne, 1 Kernbrotschnitte mit Butter, Honig oder Marmelade	Getrockn. Birnen — Apfelsin.	Linsensuppe, Kalbsgulasch, Salat mit Sahne	Malzkaffee Brötchen	1 Schnitte mit Käse, 2 dünne Eierkuchen gefüllt mit Gelee	⅛ Liter Kaffeesahne
Dienstag	Grieß		Mohrrübe. — Bananen Feigen	Petersiliensuppe, Königsberg.Klops, Kartoffeln, frischer Rhabarber	Zwieback	Buntes Gemüse	
Mittwoch	Haferflocken		Sellerie — Äpfel	Tomatensuppe, Kartoffelpuffer, Apfelmus	Schrippen	Bauernfrühstück, 1 Satte dicke Milch	
Donnerstag	Grieß		Kohlrüben — Mandar. Bananen	Backobstsuppe*, Fischklops, Salat mit Öl	Brötchen	Pellkartoffeln, Butter u. Käse mit Schnittlauch	
Freitag	Haferflocken		Blumenkohl — Äpfel	Gemüsesuppe, Schweinebraten Telt. Rübchen	Zwieback	Apfelreis mit brauner Butter, Zimt und Zucker	
Sonnabend	Grieß		Mohrrüben — Wein*	Blumenkohlsuppe, Rindfl. mit Ei und Tomate*, Obstsalat	Schrippen	1 Schnitte mit Käse, 3 gefüllte Kartoffeln*	
Sonntag	Haferflocken		Äpfel — Apfelsinen	Nierensuppe, Kalbsbraten, Rosenkohl, Haselnußcreme	Buttergebäck	2 Schnitten mit Butter u. Schnittlauch, 1 Tomate, 1 Apfelsine, 1 Fl. Malzbier	

[1] Zu den mit * versehenen Gerichten sind Rezepte am Schluß des Buches beigefügt.
[2] Das Obst der 10 Uhr-Rohkost kann auch am Schluß der Mittagsmahlzeit eingenommen werden.

Woche vom 10. Februar bis 16. Februar 1930.

Tage	7 Uhr	9 Uhr	10 Uhr Rohkost	12½ Uhr Mittagessen	4 Uhr	6½ Uhr Abendessen	8 Uhr
Montag	Dicke Grießsuppe	Malzkaffee mit Milch und Sahne, 1 Kernbrotschnitte mit Butter, Honig oder Marmelade	Kohlrüben — Bananen Datteln	Bouillonkartoffeln, Rindfleisch, Apfelbeignets	Malzkaffee Brötchen	Kümmelkartoffeln, 1 gekochtes Ei	⅛ Liter Kaffeesahne
Dienstag	Haferflocken		Sauerkohl — Apfelsinen	Pilzsuppe, Frikassee v. Huhn, Blumenkohl, Stippmilch	Zwieback	2 gefüllte Tomaten, Breikartoffeln, Sahnenjoghurt mit Zimt und Zucker	
Mittwoch	Grieß		Mohrrüben — Äpfel	Aprikosensuppe *, Hammelfleisch, Weißkohl und Kartoffeln, eingekocht	Schrippen	Butterbrot, Rettich, 2 Äpfel	
Donnerstag	Haferflocken		Sellerie Mandar. Feigen	Tomatensuppe, Szegediner Gulasch *, Apfelmus	Brötchen	Blumenkohlauflauf, 1 Butterschnitte	
Freitag	Grieß		Blumenkohl — Äpfel Mandar.	Rhabarbersuppe, Schellfisch mit Senfbutter, Salat mit Sahne	Zwieback	Bratkartoffeln, roter Rübensalat	
Sonnabend	Haferflocken		Mohrrüben — Bananen Mandar.	Brotsuppe, geschmortes Rinderherz *, Rosenkohlsalat	Schrippen	1 Butterschnitte, Quarkauflauf	
Sonntag	Grieß		Äpfel Apfelsinen	Braune Suppe, Schweinebraten, Grünkohl, Kartoffeln, Schokoladenspeise, Schlagsahne	Mohnkuchen	Bunte Brötchen, 1 Flasche Malzbier	

Woche vom 17. Februar bis 23. Februar 1930.

Tage	7 Uhr	9 Uhr	10 Uhr Rohkost	12½ Uhr Mittagessen	4 Uhr	6½ Uhr Abendessen	8 Uhr
Montag	Dicke Haferflockensuppe	Malzkaffee mit Milch und Sahne, 1 Kernbrotschnitte mit Butter, Honig oder Marmelade	Getrocknete Pflaumen — Ananas	Brühe mit Einlage von Mohrrüb., Reis und Petersilie, gebratene Leber, warmer Kartoffelsalat, Apfelmus	Malzkaffee Brötchen	Sauerkohl, Kartoffelnudeln	⅛ Liter Kaffeesahne
Dienstag	Grieß		Mohrrüben — Mandar. Feigen	Tomatensuppe, Kartoffelklöße mit Backobst*	Zwieback	2 Schnitte mit weißem Käse und Schnittlauch, Apfelsine, Nüsse	
Mittwoch	Haferflocken		Blumenkohl — Apfelsinen	Grünkernsuppe, Schweinefleisch, Mohrrüben, Rhabarber	Schrippen	Tomatenragout, Bratkartoffeln, 1 Satte dicke Milch	
Donnerstag	Grieß		Sellerie — Äpfel	Huhn mit Reis und Petersilie, Rote Apfelspeise, Vanillesauce	Brötchen	Reisauflauf mit Äpfeln	
Freitag	Haferflocken		Kohlrübe. — Bananen Apfelsin.	Apfelsuppe*, Hecht gebraten, Salat mit Majonaise	Zwieback	Pellkartoffeln, saure Eier, Apfelmus	
Sonnabend	Grieß		Mohrrüb. — Mandar. Datteln	Dtsch. Beefsteak, Spinat, Aprikosenkompott	Schrippen	Bratkartoffeln, Hering in Gelee*	
Sonntag	Haferflocken		Äpfel — Apfelsin.	Einlaufsuppe mit Petersilie, gefüllte Kalbsbrust, Buttermilchspeise mit Vanillesauce	Rosinenkuchen	2 Schnitten, Ei in Remoulade, Salat mit Sahne	

Woche vom 24. Februar bis 2. März 1930.

Tage	7 Uhr	9 Uhr	10 Uhr Rohkost	12½ Uhr Mittagessen	4 Uhr	6½ Uhr Abendessen	8 Uhr
Montag	Dicke Grießsuppe	Malzkaffee mit Milch und Sahne, 1 Kernbrotschnitte mit Butter, Honig oder Marmelade	Sellerie – Bananen – Feigen	Mandelmilchsuppe, Zungenragout, Schwarzwurzel	Malzkaffee Brötchen	1 Schnitte mit w. Käse und Schnittlauch, 2 arme Ritter, Apfelmus	⅛ Liter Kaffeesahne
Dienstag	Haferflocken		Getrockn. Birnen – Apfelsin.	Sauerkohlsuppe *, Kotelett gebraten, Salat mit Sahne	Zwieback	Makkaroni mit Zimt und Zucker, Birnenkompott	
Mittwoch	Grieß		Rettich – Mandar. Bananen	Schweinefleisch, Kohlrüben, Kartoffeln eingek., geschmortes Backobst	Schrippen	2 Schnitten Rettich, Tomate, 1 Apfel	
Donnerstag	Haferflocken		Blumenkohl – Äpfel	Brathering, Rotkohl, Rhabarberkompott	Brötchen	Bratkartoffeln, Spinat, 1 Setzei	
Freitag	Grieß		Mohrrüb. – Mandar. Datteln	Fischsuppe mit Reiß, gefüllter Weißkohl	Zwieback	Tomatenauflauf mit Brot*	
Sonnabend	Haferflocken		Kohlrüb. – Apfelsine	Weißbiersuppe, Gulasch v. Rindfleisch, Salat mit Sahne	Schrippen	Pellkartoffeln, Butter weißer Käse m. Schnittlauch	
Sonntag	Grieß		Äpfel – Mandar.	Königinsuppe, frischer Schweineschinken, Schmorkohl, Aprikosencreme	Butterkuchen	2 Schnitten mit Käse, 1 Apfelsine, 1 Flasche Malzbier	

Woche vom 3. März bis 9. März 1930[1].

Tage	7 Uhr	9 Uhr	10 Uhr Rohkost[2]	12½ Uhr Mittagessen	4 Uhr	6½ Uhr Abendessen	8 Uhr
		Malzkaffee mit Milch und Sahne, 1 Kernbrotschnitte mit Butter, Honig oder Marmelade					⅛ Liter Kaffeesahne
Montag	Dicke Haferflockensuppe		Getrockn. Pflaumen — Bananen Datteln	Löffelerbsen mit Zwiebel und Speck, Apfelstrudel*	Kaffee Brötchen	Bratkartoffeln, Sülze, Salat mit Öl	
Dienstag	Grieß		Mohrrüb. — Apfelsine	Schokoladensuppe, Kalbfleisch, Tomatensauce, Blumenkohl	Zwieback	Bechamellekartoffeln, roter Rübensalat	
Mittwoch	Haferflocken		Kokosnuß — Mandar. Feigen	Brisoletts, Mischgemüse geback., Salat mit Sahne	Schrippen	1 Schnitte mit weißem Käse und Schnittlauch, Grießauflauf	
Donnerstag	Grieß		Sellerie — Äpfel	Nudelsuppe mit Petersilie, Rindfleisch mit Äpfeln, Buttermilchspeise	Brötchen	Apfelreis mit brauner Butter, Zimt u. Zucker	
Freitag	Haferflocken		Kohlrüb. — Mandar. Bananen	Apfelsuppe, Schweinefleisch, Sauerkohl, Müsle von Aprikosen	Zwieback	Blumenkohlauflauf mit Kartoffeln	
Sonnabend	Grieß		Blumenkohl — Äpfel	Lebersuppe, Fischauflauf*, Salat mit Öl	Schrippen	Pellkartoffeln, gebrat. Speck mit Zwiebeln, Sahnenjoghurt	
Sonntag	Haferflocken		Äpfel — Apfelsine	Brühe mit Einlage von Schwarzwurzel und Mohrrüben, Schmorbraten, Rotkohl, Weingelee, Vanillesauce	Käsekuchen	Bunte Brötchen, 1 Fl. Malzbier	

[1] Zu den mit * versehenen Gerichten sind Rezepte am Schluß des Buches beigefügt.
[2] Das Obst der 10 Uhr-Rohkost kann auch am Schluß der Mittagsmahlzeit eingenommen werden.

Woche vom 10. März bis 16. März 1930.

Tage	7 Uhr	9 Uhr	10 Uhr Rohkost	12½ Uhr Mittagessen	4 Uhr	6½ Uhr Abendessen	8 Uhr
Montag	Dicke Grießsuppe	Malzkaffee mit Milch und Sahne, 1 Kernbrotschnitte mit Butter, Honig oder Marmelade	Kohlrüb. — Mandar. Feigen	Gemüsesuppe, Minutenfleisch, Kartoffeln, Salat mit Sahne	Kaffee Zwieback	1 Schnitte mit Käse, Tomatenauflauf	⅛ Liter Kaffeesahne
Dienstag	Haferflocken		Getrockn. Birnen — Apfelsine	Brühe mit Einlage von Mohrrüb., Wirsing und Tomaten, Gulasch von Kalbfleisch, Müsle von Äpfeln	Brötchen	Spinat, 1 Setzei, Bratkartoffeln	
Mittwoch	Grieß		Sellerie — Äpfel	Endiviensalatsuppe, Schweinebraten, Mohrrüben, geschmorte Aprikosen	Schrippen	2 Schnitten, Rettichsalat, 2 Mandarinen	
Donnerstag	Haferflocken		Mohrrüb. Bananen Dattel	Fischkotelett gebraten, Apfelspeise, Salat mit Sahne	Zwieback	Warmer Kartoffelsalat, 1 gekochtes Ei	
Freitag	Grieß		Kokosnuß — Apfelsine	Rindfleisch, Wirsingkohl, Kartoffeln eingekocht, Backobst	Brötchen	Rohe Kartoffeln, 1 Brathering, Salat mit Öl	
Sonnabend	Haferflocken		Blaukohl Mandar. Bananen	Aprikosensuppe*, gebr. Leber, Kartoffeln, Salat mit Sahne	Schrippen	Pellkartoffeln, Butter, weißer Käse	
Sonntag	Grieß		Äpfel — Apfelsinen	Nudelsuppe, Kalbsnierenbraten m. Sahne, Blumenkohl mit brauner Butter, Haselnußcreme	Buttergebäck	2 Schnitten mit Schnittlauchbutter, 1 Banane, 4 Nüsse/1 Fl. Malzbier	

Woche vom 17. März bis 23. März 1930.

Tage	7 Uhr	9 Uhr	10 Uhr Rohkost	12½ Uhr Mittagessen	4 Uhr	6½ Uhr Abendessen	8 Uhr
Montag	Dicke Haferflockensuppe	Malzkaffee mit Milch und Sahne, 1 Kernbrotschnitte mit Butter, Honig oder Marmelade	Grüne Gurke — Mandar. Datteln	Rhabarbersuppe, Sauerbraten, Makkaroni, Selleriesalat	Kaffee Zwieback	Bratkartoffeln, Schmorkohl, Apfelmus	⅛ Liter Kaffeesahne
Dienstag	Grieß		Getrockn. Pflaumen — Apfelsine	Mohrrübensuppe, Hirn gebraten, Kartoffeln, Apfelsinenkompott	Brötchen	Petersilienkartoffeln, 1 gekochtes Ei	
Mittwoch	Haferflocken		Blumenkohl — Äpfel	Blumenkohlsuppe, Kartoffelpuffer, Apfelmus	Schrippen	2 Schnitten mit Tomat. u. weiß. Käse, 1 Ban., 1 Mandarine	
Donnerstag	Grieß		Mohrrüb. — Apfelsine	Tomatensuppe, Schlei mit Butter, Salat mit Öl	Zwieback	Reisauflauf mit Äpfeln	
Freitag	Haferflocken		Sellerie — Mandar. Bananen	Kümmelsuppe*, gefüllte Kohlrouladen, Kompott von Äpfeln und Mohrrüben	Brötchen	Pellkartoffeln, Mohrrüben, Rhabarber	
Sonnabend	Grieß		Kokosnuß Mandar. Feigen	Apfelsuppe, geschmorte Schweineniere*, Salat mit Sahne	Schrippe	Sauerkrautauflauf mit Kartoffeln	
Sonntag	Haferflocken		Äpfel — Apfelsine	Markklößchensuppe, Rinderfilet, Rosenkohl, Schokoladenspeise, Schlagsahne	Apfelkuchen	2 Schnitten mit Kräuterbutter, 1 Flasche Malzbier	

Woche vom 24. März bis 30. März 1930.

Tage	7 Uhr	9 Uhr	10 Uhr Rohkost	12½ Uhr Mittagessen	4 Uhr	6½ Uhr Abendessen	8 Uhr
Montag	Dicke Haferflokkensuppe	Malzkaffee mit Milch und Sahne, 1 Kernbrotschnitte mit Butter, Honig oder Marmelade	Kokosnuß — Mandar. Bananen	Irish Stew, Müsle von Äpfeln	Kaffee, Zwieback	Spätzle mit brauner Butter, grüner Salat	⅛ Liter Kaffeesahne
Dienstag	Grieß		Mohrrüben — Äpfel	Brühe mit Mark und Tomatenscheiben, Kartoffelklöße * mit Backobst	Brötchen	Gebratene Leber Spinat, Kartoffeln	
Mittwoch	Haferflokken		Grüne Gurke — Apfelsine	Schweinerippchen mit Kohlrüben und Kartoffeln eingekocht, gemischtes Kompott	Schrippen	2 Schnitten mit Petersilienbutter, 1 Banane	
Donnerstag	Grieß		Getrockn. Pflaum. — Äpfel	Brühe mit Einlage von Mohrrüben u. jg. Kohlrabi, Schellfisch mit Senfbutter, Salat mit Sahne	Zwieback	Tomatenauflauf mit Brot	
Freitag	Haferflokken		Kohlrüben — Mandar. Datteln	Petersiliensuppe, Schnitzel, Schwarzwurzel, Apfelmus	Brötchen	1 Schnitte mit Käse, Apfelbeignets	
Sonnabend	Grieß		Blumenkohl — Bananen Feigen	Weiße Bohnen mit Äpfeln und Speck, Dtsch. Beefsteak, Quarkspeise	Schrippen	Kümmelkartoffeln, 1 gek. Ei, Sahnenjoghurt mit Zucker	
Sonntag	Haferflokken		Äpfel — Apfelsine	Nierensuppe, gebr. Huhn, Blumenkohl, Vanillespeise, Saft	Sandtorte	1 Tomaten- u. 1 Käseschnitte, 2 Mandar., 1 Fl. Malzbier	

Woche vom 31. März bis 6. April 1930.

Tage	7 Uhr	9 Uhr	10 Uhr Rohkost	12½ Uhr Mittagessen	4 Uhr	6½ Uhr Abendessen	8 Uhr
Montag	Dicke Grießsuppe	Malzkaffee mit Milch und Sahne, 1 Kernbrotschnitte mit Butter, Honig oder Marmelade	Getr. Birnen – Bananen Feigen	Poln. Crasy *, Salat mit Sahne, Schokoladenspeise	Kaffee Brötchen	Kartoffelklöße * mit Spinat	⅛ Liter Kaffeesahne
Dienstag	Haferflocken		Kohlrüb. – Äpfel	Brühe mit Tomaten und Wirsing, Speckklöße mit Apfelkompott	Zwieback	2 Schnitten Ei in Remoulade, Salat mit Öl	
Mittwoch	Grieß		Grüne Gurke – Apfelsin.	Brühe mit Einlage von Reis und Mohrrüben, Rouladen, Gurkensalat	Schrippen	Bratkartoffel, Selleriesalat	
Donnerstag	Haferflocken		Mohrrüb. – Mandar. Datteln	Nierensuppe, Hecht gespickt gebraten, Salat mit Mayonnaise	Brötchen	2 Schnitten mit Eiaufstrich, 1 Banane	
Freitag	Grieß		Blumenkohl – Äpfel	Rhabarbersuppe, Königsberger Klops, Bananenmüsle	Zwieback	1 Schnitte mit Käse, Grießauflauf	
Sonnabend	Haferflocken		Kohlrüb. – Mandar. Bananen	Hammelfleisch, junger Kohlrabi, Kartoffeln eingekocht, Stippmilch	Schrippen	Warmer Kartoffelsalat, 1 gekochtes Ei, 1 Apfelsine	
Sonntag	Grieß		Äpfel – Apfelsin.	Lebersuppe, Schweinebraten, Rotkohl, Zitronencreme	Käsekuchen	2 Schnitten Rettichsalat, Tomate, 1 Banane, 1 Flasche Malzbier	

Schneider, Diät.

Woche vom 7. April bis 13. April 1930[1].

Tage	7 Uhr	9 Uhr	10 Uhr Rohkost[2]	12½ Uhr Mittagessen	4 Uhr	6½ Uhr Abendessen	8 Uhr
Montag	Dicke Haferflok-kensuppe	Malzkaffee mit Milch und Sahne, 1 Kernbrotschnitte mit Butter, Honig oder Marmelade	Grüne Gurke – Mandar. Datteln	Petersiliensuppe, geschmorte und gespickte Leber*, Salat mit Sahne	Kaffee Brötchen	Bunter Salat, 1 gek. Ei	⅛ Liter Kaffeesahne
Dienstag	Grieß		Mohrrüb. – Apfelsin.	Kohlrabisuppe, Zungenragout, Rhabarber	Zwieback	Blumenkohlauflauf mit Sauce	
Mittwoch	Hafer-flocken		Blumen-kohl – Äpfel	Spinatsuppe, Auflauf von Wir-singkohl, Kartoffeln und Rind-fleisch, Mohnpielen	Schrippen	2 Schnitten mit weiß. Käse und Kümmel, 1 Banane	
Donners-tag	Grieß		Radies-chen – Mandar. Feigen	Brotsuppe, Fischklops, Gurken-salat	Brötchen	Spinat, Setzei, Pellkar-toffeln	
Freitag	Hafer-flocken		Sauerkohl – Äpfel	Zitronensuppe, Semmelklöße, Bir-nenkompott	Zwieback	Reis, gefüllte Tomaten	
Sonn-abend	Grieß		Kohlrüb. – Mandar. Bananen	Brühe mit Tomaten, Blumenkohl und Wirsing, gewürztes Rinder-herz*, Salat mit Zitrone und Öl	Schrippen	Pellkartoffeln, grüne Gurke mit Sahne	
Sonntag	Hafer-flocken		Äpfel – Apfelsin.	Nudelsuppe mit Petersilie, Kalbs-braten, Schwarzwurzel, Mokka-creme	Frankfurter Kranz	2 Schnitten mit Tomate und 1 Ei, 1 Flasche Malzbier, 1 Banane	

[1] Zu den mit * versehenen Gerichten sind Rezepte am Schluß des Buches beigefügt.
[2] Das Obst der 10 Uhr-Rohkost kann auch am Schluß der Mittagsmahlzeit eingenommen werden.

Woche vom 14. April bis 20. April 1930.

Tage	7 Uhr	9 Uhr	10 Uhr Rohkost	12½ Uhr Mittagessen	4 Uhr	6½ Uhr Abendessen	8 Uhr
Montag	Dicke Grießsuppe	Malzkaffee mit Milch und Sahne, 1 Kernbrotschnitte mit Butter, Honig oder Marmelade	Radieschen — Äpfel	Weißbiersuppe*, geschmorte Kalbsmilch, Salat mit Sahne	Kaffee Zwieback	Reisauflauf mit Äpfeln	⅛ Liter Kaffeesahne
Dienstag	Haferflocken		Kohlrüb. — Mandar. Datteln	Auflauf von jungen Kohlrabi, Kartoffeln, Hammelfleisch, Apfelmüsle	Brötchen	Bratkartoffeln, Selleriegemüse	
Mittwoch	Grieß		Grüne Gurke — Apfelsin.	PichelsteinerFleisch, Buttermilchspeise, Vanillesauce	Schrippen	2 Schnitten, Radieschensalat, 1 Banane	
Donnerstag	Haferflocken		Sauerkohl — Äpfel	Gemüsesuppe,Rindfleischpudding, Champignonsauce, Salat mit Öl	Zwieback	Haferflockenbrätlinge*, Spinat	
Freitag	Grieß		Kohlrüb. — Mandar. Feigen	Tomatensuppe, buntes Gemüse, Milchgelee	Brötchen	Bratkartoffeln, 1 Ei, Mohrrüben	
Sonnabend	Haferflocken		Blumenk. — Bananen Mandar.	Szegediner Gulasch*, Kartoffeln, Rhabarber	Schrippen	Makkaroniauflauf, Tomatensauce, Apfelkompott	
Sonntag	Grieß		Äpfel — Apfelsin.	Brühe mit Eierstich und Petersilie, gebr. Huhn, Blumenkohl, Apfelspeise, Vanillesauce	Mohntorte	2 Schnitten mit Käse, Rettichsalat, Datteln, 1 Flasche Malzbier	

Woche vom 21. April bis 27. April 1930.

Tage	7 Uhr	9 Uhr	10 Uhr Rohkost	12½ Uhr Mittagessen	4 Uhr	6½ Uhr Abendessen	8 Uhr
Montag	Dicke Haferflockensuppe	Malzkaffee mit Milch und Sahne, 1 Kernbrotschnitte mit Butter, Honig oder Marmelade	Getr. Pflaumen — Mandar. Feigen	Mohrrübensuppe, Kartoffelpuffer, Apfelmus	Kaffee Zwieback	Bratkartoffeln, geschmorte Gurken	⅛ Liter Kaffeesahne
Dienstag	Grieß		Gr. Gurke — Apfelsine	Aprikosensuppe*, Schwarzwurzel mit Buttersauce, Rinderfilet, Rhabarber	Brötchen	Kartoffeln mit Äpfeln*	
Mittwoch	Haferflocken		Sellerie — Äpfel	Brotsuppe, Brisoletts, Rotkohl, Apfel- und Mohrrübenkompott	Schrippen	2 Schnitten, 1 Tomate u. Kräuterbutter, 1 Banane	
Donnerstag	Grieß		Radieschen — Mandar. Bananen	Frühlingssuppe, gedämpfte Leber*, Kartoffeln, Rosenkohl, Bananenkompott	Zwieback	Kartoffeln mit Petersiliensauce, Schwarzwurzel gebacken	
Freitag	Haferflocken		Mohrrüb. — Apfelsine	Petersiliensuppe, Fischauflauf* mit Tomatensauce, Salat mit Sahne	Brötchen	Bratkartoffeln, Spinat, 1 Setzei	
Sonnabend	Grieß		Blumenkohl — Mandar. Datteln	Grießklößchensuppe mit Petersilie, Rindfleisch, Meerrettichsauce, Kartoffeln, Apfel im Schlafrock	Schrippen	Reispudding mit Kohl	
Sonntag	Haferflocken		Äpfel — Apfelsine	Nierensuppe, Frikandeau mit Sahne, Blumenkohl mit brauner Butter, Milchgelee	Butterkuchen	2 Schnitten mit Petersilienbutter, Selleriesalat, 1 Banane, 1 Fl. Malzbier	

Woche vom 28. April bis 4. Mai 1930.

Tage	7 Uhr	9 Uhr	10 Uhr Rohkost	12½ Uhr Mittagessen	4 Uhr	6½ Uhr Abendessen	8 Uhr
Montag	Dicke Grießsuppe	Malzkaffee mit Milch und Sahne, 1 Kernbrotschnitte mit Butter, Honig oder Marmelade	Kohlrabi — Bananen — Feigen	Linsensuppe, Reis mit Kalbsmilch gebacken, Salat mit Mayonnaise	Kaffee Zwieback	Bratkartoffeln, Tomatengemüse	⅛ Liter Kaffeesahne
Dienstag	Haferflocken		Grüne Gurke — Apfelsine	Zwiebelsuppe, Hefenklöße* mit brauner Butter, Zimt und Zucker, Rhabarber	Brötchen	Rohe Bratkartoffeln, jg. Kohlrabi	
Mittwoch	Grieß		Mohrrüb. — Mandar. — Datteln	Petersiliensuppe, Schweinebauch gefüllt* mit Backpflaumen, Buttermilchspeise, Vanillesauce	Schrippen	2 Schnitten mit Schnittlauchbutter, Radieschen, Feigen	
Donnerstag	Haferflocken		Radieschen — Äpfel	Brühe mit Einlage von Kohlrabi und Mohrrüben, Majorankartoff. mit brauner Butter, Gurkensalat mit Sahne	Zwieback	Kümmelkartoffeln, roter Rübensalat	
Freitag	Grieß		Kohlrüb. — Apfelsine	Schweinefleisch, Mohrrüben, Kartoffeln, eingekocht. gemischtes Kompott	Brötchen	1 Schnitte mit Käse, gefüllte Kartoffeln	
Sonnabend	Haferflocken		Mohrrüb. — Mandar. — Bananen	Brühe mit Einlage von Schwarzwurzel, Reis, Kalbsfrikassee, Blumenkohl, Aprikosenkompott	Schrippen	Pellkartoffeln, Butter, weißer Käse mit Schnittlauch	
Sonntag	Grieß		Äpfel — Datteln	Einlaufsuppe mit Petersilie, Schweinefilet mit Sahnensauce, Rotkohl, Grießspeise, Saft	Bienenstich	2 Schnitten mit Radieschen, Tomate, 1 Apfelsine, 1 Flasche Malzbier	

Woche vom 5. Mai bis 11. Mai 1930 [1].

Tage	7 Uhr	9 Uhr	10 Uhr Rohkost [2]	12½ Uhr Mittagessen	4 Uhr	6½ Uhr Abendessen	8 Uhr
Montag	Dicke Haferflockensuppe	Malzkaffee mit Milch und Sahne, 1 Kernbrotschnitte mit Butter, Honig oder Marmelade	Rettich — Apfelsine	Hammelfleisch, grüne Bohnen, Kartoffeln eingekocht, Rhabarber	Kaffee Brötchen	1 Schnitte mit Schweizerkäse, 2 Kartoffelhörnchen	⅛ Liter Kaffeesahne
Dienstag	Grieß		Jg. Mohrrüben — Äpfel	Sauerampfersuppe*, gebackene Reisklöße mit geschmortem Obst	Zwieback	Frühkartoffeln in Butter und Petersilie geschwenkt, Gurkensalat mit Sahne	
Mittwoch	Haferflocken		Radieschen — Mandar. Datteln	Schmorbraten, Kartoffelsalat mit Radieschen, Obstsalat	Schrippen	2 Schnitten, grüne Gurke, Radieschen, 1 Apfelsine	
Donnerstag	Grieß		Kohlrabi — Kirschen	Brühe mit Einlage von Mohrrüben, Erbsen und Grieß, Königsberger Klops, Salat mit Sahne	Brötchen	Kümmelkart., junges Kohlrabigemüse	
Freitag	Haferflocken		Grüne Gurke — Bananen	Frühlingssuppe, Fischfrikadellen, Gurkensalat mit Öl und Zitrone	Zwieback	Kartoffelbrei, gedämpfte Rübchen	
Sonnabend	Grieß		Sauerkohl — Apfelsine	Apfelsuppe, Rindfleisch mit Setzei und Tomate, Stippmilch	Schrippen	Spätzle mit brauner Butter, Kopf- und Tomatensalat mit Öl	
Sonntag	Haferflocken		Äpfel — Kirschen	Nierensuppe, Roastbeef, Spargel mit brauner Butter, Wein-Creme	Pflaumenkuchen	2 Schnitten mit Sahnenkäse, Tomaten, Feigen, 1 Fl. Malzbier	

[1] Zu den mit * versehenen Gerichten sind Rezepte am Schluß des Buches beigefügt.
[2] Das Obst der 10 Uhr-Rohkost kann auch am Schluß der Mittagsmahlzeit eingenommen werden.

Woche vom 12. Mai bis 18. Mai 1930.

Tage	7 Uhr	9 Uhr	10 Uhr Rohkost	12½ Uhr Mittagessen	4 Uhr	6½ Uhr Abendessen	8 Uhr
Montag	Dicke Grießsuppe	Malzkaffee mit Milch und Sahne, 1 Kernbrotschnitte mit Butter, Honig oder Marmelade	Junge Mohrrüb. — Datteln Apfelsine	Aprikosensuppe*, Kalbfleisch mit Petraliliensauce, Kopfsalat	Kaffee Zwieback	Neue Kartoffeln, Spargel mit holländischer Sauce	⅛ Liter Kaffeesahne
Dienstag	Haferflocken		Kohlrabi — Äpfel	Spargelsuppe, Zungenragout, gemischtes Kompott	Brötchen	Blumenkohlauflauf mit Reis, Tomatensauce	
Mittwoch	Grieß		Radieschen — Feigen Bananen	Hammelfleisch, junger Kohlrabi, Kartoffeln eingekocht, Rhabarb.	Schrippen	2 Schnitten, weiß. Käse mit Kümmel, 1 Apfel	
Donnerstag	Haferflocken		Grüne Gurke — Apfelsine	Petraliliensuppe, Rotzunge gebacken, Gurkensalat	Zwieback	Warmer Kartoffelsalat, 1 gekochtes Ei	
Freitag	Grieß		Sauerkohl — Äpfel	Brühe mit Einlage von Kohlrabi und Reis, Schnitzel, Spargel, Mohrrüben, Erbsen gemischt, Apfel- und Bananenkompott	Brötchen	Makkaroni mit Käse gebacken, Schwarzwurzelgemüse	
Sonnabend	Haferflocken		Getr. Pflaum. — Apfelsine	Spinatsuppe, geschmorte Schweinenieren*, Apfelmus	Schrippen	Neue Kartoffeln, Rührei, Kopfsalat	
Sonntag	Grieß		Äpfel Mandeln Feigen	Nudelsupp. m. Peters., Kalbsnierenbraten*, Spargel m. braun. Butter, Schokoladenspeise, Schlagsahne	Mohnkuchen	2 Schnitten mit Sahnenkäse u. Gurke, 1 Ban., 1 Fl. Malzbier	

Woche vom 19. Mai bis 25. Mai 1930.

Tage	7 Uhr	9 Uhr	10 Uhr Rohkost	12½ Uhr Mittagessen	4 Uhr	6½ Uhr Abendessen	8 Uhr
Montag	Dicke Haferflockensuppe	Malzkaffee mit Milch und Sahne, 1 Kernbrotschnitte mit Butter, Honig oder Marmelade	Rettich — Bananen Feigen	Blumenkohlsuppe, Haschee von Kalbfleisch, Salat mit Sahne	Kaffee Brötchen	Pellkartoffeln, weißer Käse mit Schnittlauch, Butter	⅛ Liter Kaffeesahne
Dienstag	Grieß		Junge Morrüb. — Erdbeeren	Hammelfleisch, grüne Bohnen, Kartoffeln eingekocht, Rhabarb.	Zwieback	1 Schnitte mit Sahnenkäse, gefüllte Kartoff.	
Mittwoch	Haferflocken		Kohlrabi — Äpfel	Brühe mit Nudeln und Petersilie, Brisoletts, Spargel mit brauner Butter, Apfelmus	Schrippen	Spinatauflauf, 1 Setzei	
Donnerstag	Grieß		Grüne Gurke — Kirschen	Spinatsuppe, gefüllte Eierkuchen	Brötchen	Vegetar. Kotelett *, Blumenkohlgemüse	
Freitag	Haferflocken		Sauerkohl — Bananen Feigen	Schweinefleisch, junge Mohrrüben, Kartoffeln eingekocht, Kompott aus Äpfeln und Mohrrüben *	Zwieback	2 Schnitten, Spargelsalat	
Sonnabend	Grieß		Radieschen — Erdbeeren	Tomatensuppe, Pichelsteiner aus Gemüse, Rhabarber	Schrippen	Neue Kartoffeln, Gurkensalat mit Sahne	
Sonntag	Haferflocken		Äpfel — Apfelsine	Brühsuppe mit Eierstich, gebr. Huhn, Spargel mit br. Butter, Apfelspeise, Vanillesauce	Hefekuchen	2 Schnitten mit Petersilienbutter, 1 Tomate, 1 Apfelsine, 1 Fl. Malzbier	

Woche vom 26. Mai bis 1. Juni 1930.

Tage	7 Uhr	9 Uhr	10 Uhr Rohkost	12½ Uhr Mittagessen	4 Uhr	6½ Uhr Abendessen	8 Uhr
Montag	Dicke Grießsuppe	Malzkaffee mit Milch und Sahne, 1 Kernbrotschnitte mit Butter, Honig oder Marmelade	Radieschen — Äpfel	Sauerampfersuppe *, gefüllter Kohl, Apfel- und Mohrrübenkompott*	Kaffee Brötchen	Bechamellekartoffeln, Salat mit Zitrone u. Öl	⅛ Liter Kaffeesahne
Dienstag	Haferflocken		Mohrrüben — Erbsen — Feigen Bananen	Apfelsinensuppe *, Karbonade, Spargel mit brauner Butter, Aprikosenkompott	Zwieback	Neue Kartoffeln, Speck mit Zwiebel gebraten u. Bohnensalat	
Mittwoch	Grieß		Grüne Gurke — Erdbeeren	Spargelsuppe, Schweinerippchen in Bier *, Gurkensalat mit Sahne	Schrippen	2 Schnitten m. Kräuterbutter u. Tomate, Feigen	
Donnerstag	Haferflocken		Kohlrabi — Apfelsinen	Kalbfleisch, Tomatensauce, Blumenkohl, Buttermilchspeise, Vanillesauce	Brötchen	1 Schnitte mit Sahnenkäse, Grießbrei, Rhabarberkompott	
Freitag	Grieß		Rettich — Kirschen	Bratfisch, Salat mit Sahne, Rhabarberspeise	Zwieback	Kümmelkartoffel, gem. Gemüse	
Sonnabend	Haferflocken		Sauerkohl — Bananen Datteln	Braune Suppe, Szegediner Gulasch *, Obstsalat	Schrippen	Bunter Salat, 1 gek. Ei	
Sonntag	Grieß		Äpfel — Apfelsine	Einlaufsuppe mit Petersilie, Schweinebraten, Rotkohl, Mokkacreme *	Schlitzkuchen	2 Schnitten, Radieschen, w. Käse mit Kümmel, 1 Fl. Malzbier	

Woche vom 2. Juni bis 8. Juni 1930 [1].

Tage	7 Uhr	9 Uhr	10 Uhr Rohkost [2]	12½ Uhr Mittagessen	4 Uhr	6½ Uhr Abendessen	8 Uhr
Montag	Dicke Haferflockensuppe	Malzkaffee mit Milch und Sahne, 1 Kernbrotschnitte mit Butter, Honig oder Marmelade	Kohlrabi – Kirschen	Rindfleisch, Kohlrabi gemischt mit Mohrrüben, Stippmilch	Kaffee Brötchen	2 Schnitten, Ei in Mayonnaise, grüner Salat	⅛ Liter Kaffeesahne
Dienstag	Grieß		Mohrrüben – Bananen	Brühe mit Wirsing und Tomaten, Beefsteak, Spargel m. br. Butter, Erdbeeren mit Sahne	Zwieback	Bratkartoffeln, 1 Setzei Bohnensalat	
Mittwoch	Haferflocken		Sauerkohl – Apfelsine	Brühkartoffeln mit viel Grünzeug, Arme Ritter, Erdbeer- u. Kirschkompott	Kuchen	2 Schnitten mit Rettich und Tomate	
Donnerstag	Grieß		Grüne Gurke – Erdbeeren	Mandelmilchsuppe, Auflauf von Kartoffeln, gr. Bohnen, Hammelfleisch, Kirschkompott	Brötchen	Pellkartoffeln, Rührei, Salat mit Sahne	
Freitag	Haferflocken		Rettich – Äpfel	Vanillesuppe, Kalbsfrikassee, Blumenkohl, Rhabarber	Zwieback	Sahnekartoffeln*, 1 gek. Ei	
Sonnabend	Grieß		Radieschen – Kirschen	Brühe mit Blumenkohl, Sellerie und Tomate, Kartoffelpuffer, Apfelmus	Kuchen	Reis a la Trautmannsdorf mit geschm. Erdbeeren	
Sonntag	Haferflocken		Äpfel – Apfelsine	Brühe mit Klößchen und Petersilie, Kalbsbraten, Spargel mit holländischer Sauce, Milchgelee	Frankfurter Kranz	2 Schnitten mit Schnittlauch und Radieschen, 1 Apfelsine, 1 Fl. Malzbier	

[1] Zu den mit * versehenen Gerichten sind Rezepte am Schluß des Buches beigefügt.
[2] Das Obst der 10 Uhr-Rohkost kann auch am Schluß der Mittagsmahlzeit eingenommen werden.

Woche vom 9. Juni bis 15. Juni 1930.

Tage	7 Uhr	9 Uhr	10 Uhr Rohkost	12½ Uhr Mittagessen	4 Uhr	6½ Uhr Abendessen	8 Uhr
Montag	Grieß	Malzkaffee mit Milch und Sahne, 1 Kernbrotschnitte mit Butter, Honig oder Marmelade	Grüne Gurke — Aprikosen	Kirschsuppe *, Schweinebraten Rotkohl, Stachelbeeren	Kaffee Brötchen	1 Schnitte mit Schweizerkäse, gefüllte Eierkuchen	⅛ Liter Kaffeesahne
Dienstag	Haferflocken		Mohrrüben — Kirschen	Zitronensuppe, Gulasch von Kalbfleisch, Gurkensalat mit Sahne	Zwieback	Haferflockenbrätlinge *, Spinat	
Mittwoch	Grieß		Kohlrabi — Äpfel	Schweinefleisch, Mohrrüben, Kartoffeln eingekocht, Apfelmus	Schrippen	2 Schnitten m. Sahnenkäse und Radieschen, Banane	
Donnerstag	Haferflocken		Rettich — Erdbeeren	Bratfisch, Salat mit Sahne, Grießspeise, Saft	Brötchen	Pellkartoffeln, Tomatengemüse, Sahnenjoghurt	
Freitag	Grieß		Radieschen — Apfelsine	Brühe mit Kohlrabi u. Mohrrüben, Kotelett ged., Salat mit Öl und Zitrone	Zwieback	Blumenkohlauflauf mit Kartoffeln	
Sonnabend	Haferflocken		Mohrrüb. — Aprikos.	Spinatsuppe, Frikassee von Huhn, Blumenkohl, Rhabarber	Schrippen	Bauernfrühstück, Kopfsalat	
Sonntag	Grieß		Äpfel — Apfelsine	Gemüsesuppe, Sauerbraten, Schmorkohl, Grießspeise, Saft	Butterkuchen	2 Schnitten, Tomate, Rettich, Kirschen, 1 Flasche Malzbier	

Woche vom 16. Juni bis 22. Juni 1930.

Tage	7 Uhr	9 Uhr	10 Uhr Rohkost	12½ Uhr Mittagessen	4 Uhr	6½ Uhr Abendessen	8 Uhr
Montag	Dicke Haferflockensuppe	Malzkaffee mit Milch und Sahne, 1 Kernbrotschnitte mit Butter, Honig oder Marmelade	Sauerkohl — Bananen Datteln	Brühe m. Sellerie, grünen Bohnen u. Tomaten, Rinderbraten, Schmorgurken, Stachelbeeren	Kaffee Zwieback	Gebackener Reis mit Champignonsauce	⅛ Liter Kaffeesahne
Dienstag	Grieß		Mohrrüb. — Kirschen	Gelbe Rübensuppe, Hammelbraten, grüne Bohnen, Kartoffeln, Kirschenkompott	Brötchen	Kartoffeln i. Petersiliensauce, 1 gekochtes Ei	
Mittwoch	Haferflocken		Kohlrabi — Erdbeeren	Rhabarbersuppe, falscher Hase, Mohrrüben, Erdbeeren mit Sahne	Schrippen	2 Schnitten mit Schweizerkäse, 1 Tomate, Kirschen	
Donnerstag	Grieß		Gurke — Aprikos.	Rinderbrust, Wirsingkohl, Kartoffeln, Obstsalat	Zwieback	Rohe Bratkartoffeln, 1 Setzei, grüne Bohnen und Tomatensalat	
Freitag	Haferflocken		Rettich — Bananen Feigen	Kirschsuppe, Schweinenieren*, geschmort, Gurkensalat	Brötchen	1 Schnitte mit Schweizerkäse, Mondaminspeise, Kirschkompott	
Sonnabend	Grieß		Radieschen — Kirschen	Brühe mit Wirsing und Tomaten, Rotzunge, Obstsalat*	Schrippen	Neue Kartoffeln, Gurkensalat mit Sahne	
Sonntag	Haferflocken		Äpfel — Apfelsine	Petersiliensuppe, gefüllte Kalbsbrust, Spargel m. brauner Butter, Schokoladensuppe, Schlagsahne	Kirschkuchen	2 Schnitten, Radieschen, weißer Käse mit Kümmel, Erdbeeren, 1 Fl. Malzbier	

Woche vom 23. Juni bis 28. Juni 1930.

Tage	7 Uhr	9 Uhr	10 Uhr Rohkost	12½ Uhr Mittagessen	4 Uhr	6½ Uhr Abendessen	8 Uhr
Montag	Dicke Grießsuppe	Malzkaffee mit Milch und Sahne, 1 Kernbrotschnitte mit Butter, Honig oder Marmelade	Rettich — Aprikos.	Obstsuppe, Pichelsteiner Fleisch, Erdbeeren geschmort	Kaffee Brötchen	Breikartoffeln, Auflauf von Spargel und Tomaten	⅛ Liter Kaffeesahne
Dienstag	Haferflocken		Sauerkohl — Bananen Feigen	Brühe mit Tomaten und Spargel, Hefeklöße mit brauner Butter, Zimt und Zucker*, Kirschen geschmort	Zwieback	1 Schnitte m. Schweizerkäse, arme Ritter, Apfelmus	
Mittwoch	Grieß		Mohrrüben — Erdbeer.	Rhabarbersuppe, Breikartoffeln, gefüllte Tomaten, Stachelbeerkompott	Schrippen	2 Schnitten mit Sahnenkäse, Radieschen, Kirschen	
Donnerstag	Haferflocken		Kohlrabi — Kirschen	Braune Suppe, Brisoletts, Spargel mit brauner Butter, Obstsalat	Brötchen	Eierkuchen mit Champignonfüllung, Kopfsalat	
Freitag	Grieß		Gurke — Pfirsich	Gebratenes Huhn, Salat m. Sahne, Rhabarber	Zwieback	Reis a la Trautmannsdorf mit geschmorten Erdbeeren	
Sonnabend	Haferflocken		Mohrrüb. — Kirschen	Bratfisch, Kopf- und Tomatensalat, gemischtes Kompott*	Schrippen	Gebackener Blumenkohl mit Kartoffeln, Salat mit Sahne	
Sonntag	Grieß		Äpfel — Aprikos.	Brühe mit Spargel und Petersilie, Rinderfilet, Schmorkohl, Zitronencreme	Erdbeertorte	2 Schnitten, Käse, Kirschen, 1 Fl. Malzbier	

Woche vom 29. Juni bis 6. Juli 1930 [1].

Tage	7 Uhr	9 Uhr	10 Uhr Rohkost [2]	12½ Uhr Mittagessen	4 Uhr	6½ Uhr Abendessen	8 Uhr
Montag	Dicke Haferflokkensuppe	Malzkaffee mit Milch und Sahne, 1 Kernbrotschnitte mit Butter, Honig oder Marmelade	Birnen – Blaubeeren	Zwiebelsuppe *, Fleischvögel *, Salat mit Sahne	Kaffee Schrippen	Pellkartoffeln, Spinat, Setzei	⅛ Liter Kaffeesahne
Dienstag	Grieß		Mohrrüb. – Pfirsich	Tomatensuppe, Kartoffelklöße * mit geschmortem Obst	Zwieback	2 Schnitten, Ein Mayonnaise, grüner Salat	
Mittwoch	Haferflocken		Kohlrabi – Erdbeer.	Gulasch von Rindfleisch, Kohlrabi-, Spargel-, Mohrrübengemüse, Kirschenkompott	Brötchen	Kümmelkartoffeln, Salat mit Sahne	
Donnerstag	Grieß		Gurke – Stachelbeeren	Buntes Gemüse * ohne Fleisch. Grießspeise mit geschmorten Erdbeeren	Schrippen	2 Schnitten, Sahnenkäse, Rettichsalat *, 1 Pfirsich	
Freitag	Haferflocken		Radieschen – Johannisbeeren	Kohlauflauf von Hammelfleisch und Kartoffeln *, Rhabarber	Zwieback	Petersilienkartoffeln, Erbsengemüse	
Sonnabend	Grieß		Birnen Himbeer.	Brühkartoffeln mit viel Grünzeug, Mondaminspeise, Erdbeeren und Kirschen geschmort	Brötchen	1 Schnitte mit Käse, Kümmelröllchen, Salat mit Öl	
Sonntag	Haferflocken		Äpfel – Aprikos.	Weißbiersuppe, Schweinefilet, Spargel mit brauner Butter, Mokkacreme	Kuchen mit Sauerkirsch.	2 Schnitten, Radieschen, Pfirsich, 1 Fl. Malzbier	

[1] Zu den mit * versehenen Gerichten sind Rezepte am Schluß des Buches beigefügt.
[2] Das Obst der 10 Uhr-Rohkost kann auch am Schluß der Mittagsmahlzeit eingenommen werden.

Woche vom 7. Juli bis 13. Juli 1930.

Tage	7 Uhr	9 Uhr	10 Uhr Rohkost	12½ Uhr Mittagessen	4 Uhr	6½ Uhr Abendessen	8 Uhr
Montag	Dicke Grießsuppe	Malzkaffee mit Milch und Sahne, 1 Kernbrotschnitte mit Butter, Honig oder Marmelade	Kohlrabi — Kirschen	Brühe mit Tomaten und Kohlrabi, Zungenragout, Salat mit Sahne	Kaffee Brötchen	Pellkartoffeln, Butter, weißer Käse, Schnittlauch	⅛ Liter Kaffeesahne
Dienstag	Haferflocken		Sellerie — Pfirsich	Blaubeersuppe mit Grießklößen*, Sahnenschnitzel, Gurken- und Tomatensalat	Zwieback	Spinatpudding mit Kartoffeln	
Mittwoch	Grieß		Mohrrüb. — Aprikosen	Schweinefleisch, Schoten und Mohrrüben, Rhabarber	Schrippen	2 Schnitten, Tomatensalat, Kirschen	
Donnerstag	Haferflocken		Gurke — Erdbeer.	Kirschsuppe*, Rinderherz*, Salat mit Zitrone und Öl	Brötchen	Spagettiauflauf mit Käse und Tomaten	
Freitag	Grieß		Rettich — Johannisbeeren	Hammelfleisch, grüne Bohnen, Kartoffeln, Blaubeerkompott	Zwieback	Bratkartoffeln, Schmorgurken	
Sonnabend	Haferflocken		Birnen Stachelbeeren	Brühe mit Mohrrüben und Petersilie, Semmelkloß, gemischtes Kompott	Schrippen	Pellkartoffeln, Speckwürfel mit Zwiebeln gebraten, 1 Satte dicke Milch	
Sonntag	Grieß		Äpfel — Pfirsich	Obstsuppe, Frikandeau, Spargel mit brauner Butter, Aprikosencreme	Aprikosentorte	2 Schnitten, Rettich, Pfirsich, 1 Fl. Malzbier	

Woche vom 14. Juli bis 20. Juli 1930.

Tage	7 Uhr	9 Uhr	10 Uhr Rohkost	12½ Uhr Mittagessen	4 Uhr	6½ Uhr Abendessen	8 Uhr
Montag	Dicke Haferflockensuppe	Malzkaffee mit Milch und Sahne, 1 Kernbrotschnitte mit Butter, Honig oder Marmelade	Mohrrüb. — Stachelbeeren	Johannisbeersuppe mit Grießklößen, Rinderschmorbraten, Selleriesalat	Kaffee Zwieback	Pellkartoffeln, Russ. Kraut*	⅛ Liter Kaffeesahne
Dienstag	Grieß		Blumenkohl — Kirschen	Brühe mit Kohlrabi und Tomaten, Reisklöße, gem. Kompott	Schrippen	Rohe Kartoffeln gebraten, Sauerampfersalat mit Sahne	
Mittwoch	Haferflocken		Sellerie — Erdbeer.	Gemüsesuppe, Schnitzel, Kohlrabi mit Sahne, Birnenkompott	Brötchen	2 Schnitten, Tomate, 2 Birnen	
Donnerstag	Grieß		Gurke — Johannisbeeren	Zitronensuppe, Bratwurst, Spinat, Stippmilch	Zwieback	Tomatenreis	
Freitag	Haferflocken		Birnen Stachelbeeren	Nierensuppe, Flundern gebraten, Salat mit Sahne	Schrippen	2 Butterschnitten, Erdbeeren mit Zucker	
Sonnabend	Grieß		Rettich — Stachelbeeren	Schokoladensuppe, ged. Koteletts, Bohnen- und Tomatensalat	Brötchen	Bratkartoffeln, 1 Setzei, Gurkensalat mit Sahne	
Sonntag	Haferflocken		Äpfel — Kirschen	Weinsuppe mit Makronen, Huhn gebraten, Schoten und Mohrrüben, Milchgelee	Käsekuchen	2 Schnitten, weiß. Käse, Kirschen, 1 Fl. Malzbier	

Woche vom 21. Juli bis 27. Juli 1930.

Tage	7 Uhr	9 Uhr	10 Uhr Rohkost	12½ Uhr Mittagessen	4 Uhr	6½ Uhr Abendessen	8 Uhr
Montag	Dicke Grießsuppe	Malzkaffee mit Milch und Sahne, 1 Kernbrotschnitte mit Butter, Honig oder Marmelade	Radieschen — Johannisbeeren	Brechbohnen mit Birnen u. Speck, Kartoffeln, Blaubeerkompott	Kaffee Schrippen	Pellkartoffeln, Kohl mit Sahne	⅛ Liter Kaffeesahne
Dienstag	Haferflocken		Kohlrabi — Birnen	Rhabarbersuppe, dtsch. Beefsteak, Salat, Spinatsalat mit Sahne, Johannisbeeren mit Zucker	Brötchen	Kohlrabipudding mit Kartoffeln	
Mittwoch	Grieß		Äpfel — Stachelbeeren	Blaubeersuppe* mit Klößchen, Rippespeer mit Backpflaumen*, Gurkensalat	Zwieback	2 Schnitten, Radieschen, Johannisbeeren	
Donnerstag	Haferflocken		Birnen — Himbeeren	Brühe mit Wirsing und Tomaten, Leber gebraten, Kartoffelsalat, gemischtes Kompott	Schrippen	Pellkartoffeln, Rührei mit Schnittlauch, 1 Satte dicke Milch	
Freitag	Grieß		Rettich — Erdbeeren	Apfelsuppe, Kotelett gebraten, Salat mit Sahne	Brötchen	2 Butterschnitten, Blaubeeren mit Milch	
Sonnabend	Haferflocken		Sellerie — Pflaumen	Blumenkohl m. saurer Sahnensauce, Kartoffeln, Hefepline mit brauner Butter, Zimt und Zucker*	Zwieback	Petersilienkartoffeln, 1 gekochtes Ei	
Sonntag	Grieß		Äpfel — Aprikosen	Zitronensuppe, Kalbsbraten, Spargel mit brauner Butter, Grießspeise, Saft	Butterkuchen	2 Schnitten, Rettichsalat, Birnen, 1 Fl. Malzbier	

Woche vom 28. Juli bis 3. August 1930 [1].

Tage	7 Uhr	9 Uhr	10 Uhr Rohkost [2]	12½ Uhr Mittagessen	4 Uhr	6½ Uhr Abendessen	8 Uhr
Montag	Dicke Haferflockensuppe	Malzkaffee mit Milch und Sahne, 1 Kernbrotschnitte mit Butter, Honig oder Marmelade	Kohlrabi — Himbeeren	Rindfleisch, Wirsingkohl, Kartoffeln, gemischter Obstsalat	Kaffee Brötchen	2 Schnitten, Blaubeeren mit Milch	⅛ Liter Kaffeesahne
Dienstag	Grieß		Äpfel — Stachelbeeren	Kohlrabisuppe, Schnitzel, Salat mit Sahne	Zwieback	Pellkartoffeln, Butter, Quark mit Kümmel	
Mittwoch	Haferflocken		Birnen — Blaubeeren	Blaubeersuppe mit Grießklößen, Gulasch, Gurkensalat	Schrippen	1 Schnitte mit Käse, Kümmelkartoffeln, Sahnenjoghurt	
Donnerstag	Grieß		Rettich — Erdbeeren	Kirschsuppe, Kalbsfrikassee, Blumenkohl, Birnenkompott	Brötchen	Bratkartoffeln, Setzei, Salat mit Zitrone und Öl	
Freitag	Haferflocken		Sellerie — Pflaumen	Brühe mit grünen Bohnen und Mohrrüben, Schlei mit Dillsauce, Salat mit Sahne	Zwieback	Geschälte Kartoffeln, Spinatsalat mit Sahne	
Sonnabend	Grieß		Radieschen — Birnen	Irish Stew, Johannisbeerkompott	Schrippen	2 Schnitten, Ei in Mayonnaise, Salat	
Sonntag	Haferflocken		Äpfel — Pfirsich	Frühlingssuppe, Roastbeef, grüne Erbsen, Schokoladenspeise, Vanillesauce	Blechkuchen mit sauren Kirschen	2 Schnitten, Tomatensalat, Kirschen, 1 Fl. Malzbier	

[1] Zu den mit * versehenen Gerichten sind Rezepte am Schluß des Buches beigefügt.
[2] Das Obst der 10 Uhr-Rohkost kann auch am Schluß der Mittagsmahlzeit eingenommen werden.

Woche vom 4. August bis 10. August 1930.

Tage	7 Uhr	9 Uhr	10 Uhr Rohkost	12½ Uhr Mittagessen	4 Uhr	6½ Uhr Abendessen	8 Uhr
Montag	Dicke Grießsuppe	Malzkaffee mit Milch und Sahne, 1 Kernbrotschnitte mit Butter, Honig oder Marmelade	Tomaten — Johannisbeeren	Brühe mit Kohlrabi und Tomaten, geschmorte Schweinenieren*, Salat mit Öl und Zitrone	Kaffee Zwieback	1 Schnitte mit Petersilienbutter, 2 gefüllte Eierkuchen	⅛ Liter Kaffeesahne
Dienstag	Haferflocken		Kohlrabi — Blaubeeren	Sauerampfersuppe*, Kartoffeln in Butter u. Petersilie geschwenkt, Schoten und Mohrrüben, Grießsp. mit geschmorten Kirschen	Brötchen	Pellkart., Weißkäse und Schnittlauch, Butter	
Mittwoch	Grieß		Mohrrüben — Stachelbeeren	Kotelett, gebraten, Kohlrabi, Aprikosenkompott	Schrippen	2 Butterschnitten, eingezuckerte Blaubeeren	
Donnerstag	Haferflocken		Blumenkohl — Birnen	Zitronensuppe, Rinderschmorbraten, Bohnen- und Tomatensalat, rote Grütze mit Milch	Zwieback	Kartoffelsalat mit Meerrettich*, 1 gekocht. Ei	
Freitag	Grieß		Sellerie — Himbeeren	Himbeersuppe, Frikadellen, Wirsingsalat*	Brötchen	Bratkartoffeln, Tomatengemüse*	
Sonnabend	Haferflocken		Radieschen — Pflaumen	Blaubeersuppe mit Grießklößen*, grüne Bohnen mit weiß. Bohnen und Speck, gemischtes Kompott	Schrippen	Pellkartoffeln, Gurkensalat m. Sahne, 1 Setzei	
Sonntag	Grieß		Äpfel — Birnen	Nierensuppe, Schweinebraten, Rotkohl, Karamellecreme	Streußelkuchen	2 Schnitten, 1 Tomate, 1 Birne, 1 Fl. Malzbier	

Woche vom 11. August bis 17. August 1930.

Tage	7 Uhr	9 Uhr	10 Uhr Rohkost	12½ Uhr Mittagessen	4 Uhr	6½ Uhr Abendessen	8 Uhr
Montag	Dicke Haferflockensuppe	Malzkaffee mit Milch und Sahne, 1 Kernbrotschnitte mit Butter, Honig oder Marmelade	Mohrrüben — Stachelbeeren	Pfirsichsuppe, Rindfleisch in Zwiebeltunke, Wirsingsalat, Blaubeerkompott	Kaffee Brötchen	Kartoffelbrei, gefüllte Tomaten	⅛ Liter Kaffeesahne
Dienstag	Grieß		Kohlrabi — Kirschen	Brühe mit Tomaten und Kohlrabi, Kartoffelklöße mit geschmortem Obst*	Zwieback	2 Schnitten, 1 gekochtes Ei, Birnen	
Mittwoch	Haferflocken		Radieschen — Pflaumen	Vanillesuppe, Fleischvögel*, Salat mit Sahne	Schrippen	1 Schnitte mit Käse, rote Grütze von sauren Kirschen, Vanillesauce	
Donnerstag	Grieß		Sellerie — Stachelbeeren	Salatsuppe, Schweinefleisch in Bier*, Selleriesalat	Brötchen	Pellkartoffeln, Zwiebelsauce mit Tomaten	
Freitag	Haferflocken		Blumenkohl — Johannisbeeren	Kirschsuppe, Rindfleisch mit Ei und Tomate*, Stippmilch	Zwieback	2 Schnitten, Käse, Weintrauben	
Sonnabend	Grieß		Rettich — Pflaumen	Lauchsuppe*, Königsberger Klops, Salat mit Sahne	Schrippen	Pellkartoffeln, Weißkäse mit Schnittlauch, Butter	
Sonntag	Haferflocken		Äpfel — Birnen	Grießsuppe mit Petersilie, Hammelbraten, Kohlrabi, Kirschcreme	Pflaumenkuchen	2 Schnitten, Radieschen, Kirschen, 1 Fl. Malzbier	

Woche vom 18. August bis 24. August 1930.

Tage	7 Uhr	9 Uhr	10 Uhr Rohkost	12½ Uhr Mittagessen	4 Uhr	6½ Uhr Abendessen	8 Uhr
Montag	Dicke Grießsuppe	Malzkaffee mit Milch und Sahne, 1 Kernbrotschnitte mit Butter, Honig oder Marmelade	Sellerie — Pflaumen	Schweinefleisch, Schoten und Mohrrüben mit Kartoffeln eingekocht, Pflaumenkompott	Kaffee Zwieback	1 Schnitte mit Käse, bunter Salat	⅛ Liter Kaffeesahne
Dienstag	Haferflocken		Kohlrabi — Birnen	Pilzsuppe, Sahnenschnitzel, Salat mit Öl	Brötchen	Pellkartoffeln, Butter, w. Käse mit Kümmel	
Mittwoch	Grieß		Mohrrüben — Stachelbeeren	Kirschsuppe*, Huhn gebraten, Blumenkohl, Johannisbeerkompott	Schrippen	2 Schnitten, Rettichsalat*, Aprikosen	
Donnerstag	Haferflocken		Radieschen — Pflaumen	Sauerampfersuppe*, Rindfleisch mit Äpfeln, Birnensalat	Zwieback	Bratkartoffeln, 1 Setzei, Gurkensalat mit Sahne	
Freitag	Grieß		Rettich — Birnen	Brühe mit grünen Bohnen und Tomaten, gebratener Fisch, Grießspeise mit sauren Kirschen	Brötchen	Majorankartoffeln, Tomatensalat, Sahnenjoghurt	
Sonnabend	Haferflocken		Blumenkohl — Pfirsich	Tomatensuppe, pikanter Auflauf von Kartoffeln u. grünen Bohnen, gemischtes Kompott	Schrippen	Pellkartoffeln, Mohrrüben und Kohlrabigemüse	
Sonntag	Grieß		Äpfel — Aprikos.	Rahmsuppe, Frikassee von Kalbfleisch mit Champignons, Buttermilchspeise, Vanillesauce	Napfkuchen	2 Schnitten, Radieschen, Pflaumen, 1 Fl. Malzbier	

Woche vom 25. August bis 31. August 1930.

Tage	7 Uhr	9 Uhr	10 Uhr Rohkost	12½ Uhr Mittagessen	4 Uhr	6½ Uhr Abendessen	8 Uhr
Montag	Dicke Haferflockensuppe	Malzkaffee mit Milch und Sahne, 1 Kernbrotschnitte mit Butter, Honig oder Marmelade	Radieschen — Birnen	Apfelsuppe, Rinderbraten, Schmorgurken, Traubenkompott	Kaffee Brötchen	Reisauflauf mit Tomate	⅛ Liter Kaffeesahne
Dienstag	Grieß		Sellerie — Blaubeeren	Hamburger Obstsuppe, Kalbsgulasch, Gurkensalat mit Sahne	Zwieback	Vegetar. Kotelett *, Mohrrüben	
Mittwoch	Haferflocken		Rettich — Aprikos.	Kürbissuppe, Kartoffelauflauf mit Käse, Rhabarber	Schrippen	2 Schnitten, 1 gek. Ei, 1 Birne	
Donnerstag	Grieß		Kohlrabi — Pfirsiche	Kümmelsuppe *, Lungenragout mit Champignons, Pfirsichkompott	Brötchen	Spinatauflauf mit Kartoffeln	
Freitag	Haferflocken		Mohrrüb. — Trauben	Endiviensalatsuppe, falscher Hase, Selleriesalat	Zwieback	Pichelsteiner nur aus Gemüse, Kartoffeln	
Sonnabend	Grieß		Blumenkohl — Birnen	Hammelfleisch, grüne Bohnen, Kartoffeln eingekocht, Obstsalat	Schrippen	Kartoffeln, Kohlrabi in Eiersauce	
Sonntag	Haferflocken		Äpfel — Aprikos.	Petersiliensuppe, Rinderfilet, gemischtes Gemüse, Zitronencreme	Bienenstich	2 Schnitten, Radieschen Trauben, 1 Fl. Malzbier	

Woche vom 1. September bis 7. September 1930 [1].

Tage	7 Uhr	9 Uhr	10 Uhr Rohkost [2]	12½ Uhr Mittagessen	4 Uhr	6½ Uhr Abendessen	8 Uhr
Montag	Dicke Haferflockensuppe	Malzkaffee mit Milch und Sahne, 1 Kernbrotschnitte mit Butter, Honig oder Marmelade	Tomaten — Trauben	Apfelsuppe *, Pichelsteinerfleisch, Birnenkompott	Kaffee Zwieback	1 Schnitte mit Käse, Apfelbeignet	⅛ Liter Kaffeesahne
Dienstag	Grieß		Sellerie — Aprikosen	Blumenkohlsuppe, Haschee von Kalbfleisch, Salat mit Sahne	Brötchen	Bratkartoffeln, 1 Setzei, Tomatensalat	
Mittwoch	Haferflocken		Blumenkohl — Äpfel	Schweinefleisch, Schoten und Mohrrüben, Kartoffeln, Preißelbeeren mit Birnen	Schrippen	2 Schnitten, Radieschen, Pflaumen	
Donnerstag	Grieß		Radieschen — Pfirsich	Vanillesuppe, Kotelett, Steinpilze, Traubenkompott	Zwieback	Pellkartoffeln, Schmorgurken	
Freitag	Haferflocken		Mohrrüb. — Birnen	Gemüsesuppe, Schlei mit Butter, Kartoffeln, Salat mit Sahne	Brötchen	Bratkartoffeln, Spinatsalat mit Sahne	
Sonnabend	Grieß		Kohlrabi — Trauben	Pflaumensuppe, gefüllte Tomaten, Breikartoffeln, Quarkspeise	Schrippen	Pellkartoffeln, Weißkäse mit Schnittlauch, Butter	
Sonntag	Haferflocken		Äpfel — Aprikos.	Weinsuppe, Wild, Rotkohl, Kakaocreme *	Pflaumenkuchen	2 Schnitten mit Schnittlauchbutter, Birnen, 1 Flasche Malzbier	

[1] Zu den mit * versehenen Gerichten sind Rezepte am Schluß des Buches beigefügt.
[2] Das Obst der 10 Uhr-Rohkost kann auch am Schluß der Mittagsmahlzeit eingenommen werden.

Woche vom 8. September bis 14. September 1930.

Tage	7 Uhr	9 Uhr	10 Uhr Rohkost	12½ Uhr Mittagessen	4 Uhr	6½ Uhr Abendessen	8 Uhr
Montag	Dicke Grießsuppe	Malzkaffee mit Milch und Sahne, 1 Kernbrotschnitte mit Butter, Honig oder Marmelade	Blumenkohl — Pflaumen	Brühe mit Kohlrabi und Tomaten, Poln. Crasy*, Salat mit Sahne	Kaffee Brötchen	Pudding von grünen Bohnen mit Kartoffeln	⅛ Liter Kaffeesahne
Dienstag	Haferflocken		Radieschen — Trauben	Lauchsuppe, Kartoffelklöße*, Preißelbeeren mit Birnen	Zwieback	Bratkartoffeln, 1 Setzei, Gurken und Tomatensalat	
Mittwoch	Grieß		Tomaten — Äpfel	Irish Stew, gemischter Obstsalat*	Schrippen	2 Schnitten mit Käse, Bratäpfel	
Donnerstag	Haferflocken		Rettich — Birnen	Endiviensalatsuppe*, geschmorte Schweinenieren* Kartoffeln und Speck, Gurkensalat mit Öl und Zitrone	Brötchen	Haferflockenbrätlinge* mit Spinat	
Freitag	Grieß		Kohlrabi — Pfirsich	Weiße Bohnen mit Äpfeln, Backpflaumen geschmort	Zwieback	2 Schnitten mit Käse, Birnen	
Sonnabend	Haferflocken		Tomaten — Pflaumen	Pflaumensuppe mit Sago, Leber, Kartoffeln, Salat mit Sahne	Schrippen	Pellkartoffeln, Zwiebelsauce mit Tomaten, Sahnenjoghurt	
Sonntag	Grieß		Äpfel — Birnen	Königinsuppe, Frikandeau, Blumenkohl, Milchgelee	Napfkuchen	2 Schnitten mit grüner Butter, Pflaumen und Trauben, 1 Fl. Malzb.	

Woche vom 15. September bis 21. September 1930.

Tage	7 Uhr	9 Uhr	10 Uhr Rohkost	12½ Uhr Mittagessen	4 Uhr	6½ Uhr Abendessen	8 Uhr
Montag	Dicke Haferflockensuppe	Malzkaffee mit Milch und Sahne, 1 Kernbrotschnitte mit Butter, Honig oder Marmelade	Mohrrüb. — Pfirsich	Sauerkohlsuppe*, Schweinefleisch in Bier*, Selleriesalat	Kaffee Zwieback	Pellkartoffeln, Zwiebelsauce mit Tomaten, Sahnejoghurt mit Zimt und Zucker	⅛ Liter Kaffeesahne
Dienstag	Grieß		Tomaten — Pflaumen	Szegediner Gulasch*, Kartoffeln, Kompott von gemischten Früchten*	Brötchen	2 Schnitten mit Käse, Birnen	
Mittwoch	Haferflocken		Radieschen — Äpfel	Pfirsichsuppe, Frikassee von Huhn, Salat mit Sahne	Schrippen	Makkaroni mit brauner Butter, Zimt und Zucker	
Donnerstag	Grieß		Kohlrabi — Trauben	Breikartoffeln, gefüllte Paprikaschoten, Grießspeise mit Saft	Zwieback	Pellkartoffeln, Butter, Quark mit Kümmel	
Freitag	Haferflocken		Blumenkohl — Birnen	Gemüsesuppe, Fischragout, gebacken mit Kartoffeln, Kopfsalat	Brötchen	Bratkartoffeln, Kohlrabi mit Mohrrüben	
Sonnabend	Grieß		Mohrrüb. — Pflaumen	Rindfleisch, Brühkartoffeln mit viel Grünzeug, arme Ritter, Apfelmus	Schrippen	Brechbohnen mit Birnen, Kartoffeln und Speck	
Sonntag	Haferflocken		Äpfel — Birnen	Einlaufsuppe mit Petersilie, Schweinefilet, Schoten und Mohrrüben, Mokkacreme*	Kranzkuchen	2 Schnitten, 1 Tomate, Weintrauben, 1 Flasche Malzbier	

Woche vom 22. September bis 28. September 1930.

Tage	7 Uhr	9 Uhr	10 Uhr Rohkost	12½ Uhr Mittagessen	4 Uhr	6½ Uhr Abendessen	8 Uhr
Montag	Dicke Grießsuppe	Malzkaffee mit Milch und Sahne, 1 Kernbrotschnitte mit Butter, Honig oder Marmelade	Blumenkohl – Trauben	Hammelfleisch, grüne Bohnen, Kartoffeln, Pflaumenkompott	Kaffee Brötchen	Kartoffeln, Gemüseragout	⅛ Liter Kaffeesahne
Dienstag	Haferflocken		Kohlrabi – Pfirsiche	Brühe mit Einlage von Kohlrabi und Tomaten, Zungenragout mit Champignon, Stippmilch	Zwieback	2 Schnitten, Salat mit Mayonnaise	
Mittwoch	Grieß		Mohrrüb. – Pflaumen	Pilzsuppe, falscher Hase, Spinat, Apfelmus	Schrippen	Breikartoffeln, Tomaten mit Käsefüllung	
Donnerstag	Haferflocken		Tomaten – Birnen	Koteletts gebraten, Rosenkohl, Preißelbeerkompott	Brötchen	2 Schnitten mit Käse, Pflaumen	
Freitag	Grieß		Sellerie – Trauben	Kürbissuppe, Blumenkohlauflauf Tomatensauce, Apfel- und Mohrrübenkompott	Zwieback	Pellkartoffeln, Pfifferlinge mit Zwiebel und Petersilie	
Sonnabend	Haferflocken		Mohrrüb. – Pfirsiche	Kartoffelsuppe mit Petersilie, Schweinefleisch mit Äpfeln und Kartoffeln, Birnenkompott	Schrippen	Bratkartoffeln, roter Rübensalat	
Sonntag	Grieß		Äpfel – Birnen	Nudelsuppe, Wild, Schmorkohl, Zitronencreme	Pflaumenkuchen	2 Schnitten, Radieschen, Pfirsiche, 1 Fl. Malzbier	

Woche vom 29. September bis 5. Oktober 1930.

Tage	7 Uhr	9 Uhr	10 Uhr Rohkost	12½ Uhr Mittagessen	4 Uhr	6½ Uhr Abendessen	8 Uhr
Montag	Dicke Haferflockensuppe	Malzkaffee mit Milch und Sahne, 1 Kernbrotschnitte mit Butter, Honig oder Marmelade	Radieschen — Pflaumen	Kräutersuppe, Hammelfleisch mit Reis, Salat mit Sahne	Kaffee, Zwieback	Pikanter Kartoffelauflauf*, Sahnenjoghurt, Zimt und Zucker	⅛ Liter Kaffeesahne
Dienstag	Grieß		Sellerie — Trauben	Tomatensuppe, Fleischklöße* mit Preißelbeeren, Birnenkompott	Brötchen	Tomatenauflauf* mit Brot	
Mittwoch	Haferflocken		Mohrrüb. — Birnen	Endiviensalatsuppe, ged. Tomaten, Kartoffelbrei, Obstsalat	Schrippen	2 Schnitten, Rettichsalat, Birnen	
Donnerstag	Grieß		Tomaten — Äpfel	Blumenkohlsuppe, Rinderbraten, Schmorgurken, Pflaumenkompott	Zwieback	1 Schnitte mit Käse, 2 gefüllte Kartoffeln	
Freitag	Haferflocken		Blumenkohl — Trauben	Mohrrüben, Kartoffeln, Schweinefleisch eingekocht, Apfelmus	Brötchen	Pellkartoffeln, Rührei, Gurkensalat mit Sahne	
Sonnabend	Grieß		Mohrrüb. — Pflaumen	Zwiebelsuppe*, Kalbsleber, gebraten, Salat mit Öl und Essig	Schrippen	Vegetar. Kotelett*, Spinat	
Sonntag	Haferflocken		Äpfel — Birnen	Kümmelsuppe, Kalbsbraten, Blumenkohl mit brauner Butter, Milchgelee	Apfelkuchen	2 Schnitten, Radieschen, Pflaumen, 1 Fl. Malzbier	

Woche vom 6. Oktober bis 12. Oktober 1930[1].

Tage	7 Uhr	9 Uhr	10 Uhr Rohkost[2]	12½ Uhr Mittagessen	4 Uhr	6½ Uhr Abendessen	8 Uhr
Montag	Dicke Grießsuppe	Malzkaffee mit Milch und Sahne, 1 Kernbrotschnitte mit Butter, Honig oder Marmelade	Gurke — Pflaumen	Brühe mit Rosenkohl und Tomaten, Kartoffelpuffer, Apfelmus	Kaffee Brötchen	Graupen mit Pflaumen*	⅛ Liter Kaffeesahne
Dienstag	Haferflocken		Radieschen — Pfirsich	Brühe mit Lauch, Huhn gebraten, Salat mit Sahne	Zwieback	Bratkartoffeln, Selleriesalat mit Mayonnaise	
Mittwoch	Grieß		Sauerkohl — Birnen	Pflaumensuppe, dtsch. Beefsteak, Spinat, Birnensalat	Schrippen	2 Schnitten mit Käse, 2 rohe Tomaten mit Zwiebeln und Petersilie gefüllt	
Donnerstag	Haferflocken		Tomaten — Äpfel	Kartoffelsuppe mit viel Petersilie, gefüllte Kalbsbrust, Müsle von Äpfeln	Brötchen	Pellkartoffeln, Kräutersauce, Sahnenjoghourt mit Zimt und Zucker	
Freitag	Grieß		Kohlrabi — Trauben	Schwarzwurzelsuppe, Bratfisch, Salat mit Sahne	Zwieback	Apfelreis mit brauner Butter, Zimt u. Zucker	
Sonnabend	Haferflocken		Sellerie — Pfirsiche	Weiße Bohnen mit Mohrrüben, Kartoffeln, Apfelauflauf	Schrippen	Pellkartoffeln, weißer Käse mit Schnittlauch	
Sonntag	Grieß		Äpfel — Birnen	Selleriesuppe, Wild, Rotkohl, Mondaminspeise, Saft	Bienenstich	2 Schnitten, Rettich, Birnen, 1 Fl. Malzbier	

[1] Zu den mit * versehenen Gerichten sind Rezepte am Schluß des Buches beigefügt.
[2] Das Obst der 10 Uhr-Rohkost kann auch am Schluß der Mittagsmahlzeit eingenommen werden.

Woche vom 13. Oktober bis 19. Oktober 1930.

Tage	7 Uhr	9 Uhr	10 Uhr Rohkost	12½ Uhr Mittagessen	4 Uhr	6½ Uhr Abendessen	8 Uhr
Montag	Dicke Haferflockensuppe	Malzkaffee mit Milch und Sahne, 1 Kernbrotschnitte mit Butter, Honig oder Marmelade	Mohrrüb. — Feigen	Kohlrabisuppe, Kotelett gebraten, Rosenkohl, Birnenkompott	Kaffee Zwieback	Pellkartoffeln, geschm. Gurken	⅛ Liter Kaffeesahne
Dienstag	Grieß		Sauerkohl — Pflaumen	Brühe mit Wirsing, Tomaten und Kohlrabi, Kartoffelklöße*, geschmortes Obst	Brötchen	Kartoffeln mit Äpfeln *	
Mittwoch	Haferflocken		Gurke — Pfirsiche	Weißbiersuppe*, Roastbeef, Schwarzwurzeln in heller Sauce, Pflaumenkompott	Schrippen	Bratkartoffeln, Mohrrüben mit Petersilie	
Donnerstag	Grieß		Kohlrabi — Äpfel	Pfirsichsuppe*, Kalbfleisch mit Petersiliensauce, Endiviensalat	Zwieback	2 Schnitten, Radieschen, Äpfel	
Freitag	Haferflocken		Tomaten — Birnen	Schweinefleisch, Kohlrüben, Kartoffeln eingekocht, gemischter Obstsalat	Brötchen	Pellkartoffeln, Butter, weiß. Käse m. Kümmel	
Sonnabend	Grieß		Sellerie — Trauben	Brathering*, Rotkohl, Kartoffeln, Apfelsalat	Schrippen	Gemischter Salat, 1 gekochtes Ei	
Sonntag	Haferflocken		Äpfel — Birnen	Nierensuppe, Schweinefilet, gem. Gemüse, Zitronencreme	Streußelkuchen	2 Schnitten, 1 Tomate, Weintrauben, 1 Flasche Malzbier	

Woche vom 20. Oktober bis 26. Oktober 1930.

Tage	7 Uhr	9 Uhr	10 Uhr Rohkost	12½ Uhr Mittagessen	4 Uhr	6½ Uhr Abendessen	8 Uhr
Montag	Dicke Grießsuppe	Malzkaffee mit Milch und Sahne, 1 Kernbrotschnitte mit Butter, Honig oder Marmelade	Kohlrabi — Pfirsich	Obstsuppe, Schnitzel gebraten, Schwarzwurzel mit brauner Butter, Bananensalat	Kaffee Brötchen	Pellkartoffeln, Kohlrabi in Sahne	⅛ Liter Kaffeesahne
Dienstag	Haferflocken		Mohrrüb. — Birnen	Erbsensuppe, Semmelklöße mit geschmorten Birnen	Zwieback	Bratkartoffeln, Hering in Gelee*	
Mittwoch	Grieß		Sauerkohl — Feigen	Rindfleisch mit Wirsingkohl, Kartoffeln eingekocht, gemischter Obstsalat	Schrippen	2 Schnitten mit Käse, Bratäpfel	
Donnerstag	Haferflocken		Tomate — Äpfel Feigen	Pflaumensuppe, Schweinebraten, Sauerkohl, Backobst	Brötchen	Gemüseragout*	
Freitag	Grieß		Mohrrüb. — Trauben	Grießsuppe mit Petersilie, Entenbraten, Salat mit Sahne	Zwieback	1 Schnitte Brot m. Käse, 2 arme Ritter, Apfelmus	
Sonnabend	Haferflocken		Gurke — Pflaumen	Buttermilchsuppe*, falscher Hase, Mohrrüben, Apfelmus	Schrippen	Reisauflauf mit Äpfeln	
Sonntag	Grieß		Äpfel — Feigen	Himbeersuppe, Wild, Rotkohl, Mokkacreme*	Napfkuchen	2 Schnitten, Rettich, Banane, 1 Fl. Malzbier	

Woche vom 27. Oktober bis 2. November 1930.

Tage	7 Uhr	9 Uhr	10 Uhr Rohkost	12½ Uhr Mittagessen	4 Uhr	6½ Uhr Abendessen	8 Uhr
Montag	Dicke Haferflockensuppe	Malzkaffee mit Milch und Sahne, 1 Kernbrotschnitte mit Butter, Honig oder Marmelade	Mohrrüb. — Weintrauben	Irish Stew, 2 gefüllte Äpfel mit Gelee	Kaffee Zwieback	Pellkartoffeln, Rührei, Salat mit Sahne	⅛ Liter Kaffeesahne
Dienstag	Grieß		Äpfel — Ananas	Kümmelsuppe*, Schellfisch mit Senfbutter, Endiviensalat mit Sahne	Brötchen	Bratkartoffeln, Selleriegemüse	
Mittwoch	Haferflocken		Kohlrüb. — Birnen	Weinsuppe, Gänsebraten, Grünkohl, Apfelmus	Schrippen	2 Schnitten, Rettichsalat, Bratäpfel	
Donnerstag	Grieß		Bananen Feigen	Löffelerbsen mit Speck, 2 gefüllte Eierkuchen	Zwieback	Apfelauflauf mit Zwieback	
Freitag	Haferflocken		Blumenkohl — Weintrauben	Schwarzwurzeln mit Fleischklöß., Kartoffeln, Grießspeise, Saft	Brötchen	Pellkartoffeln, saure Eier, Salat mit Sahne	
Sonnabend	Grieß		Mohrrüb. — Birnen	Endiviensalatsuppe, Gulasch, Sauerkohl, Aprikosenkompott	Schrippen	1 Scheibe Brot mit Käse, 2 Äpfel im Schlafrock	
Sonntag	Haferflocken		Äpfel — Feigen	Nudelsuppe, Frikandeau, Blumenkohl, Schokoladenspeise mit Schlagsahne	Butterkuchen	2 Schnitten mit Käse, Birnen, 1 Fl. Malzbier	

Woche vom 3. November bis 9. November 1930 [1].

Tage	7 Uhr	9 Uhr	10 Uhr Rohkost [2]	12½ Uhr Mittagessen	4 Uhr	6½ Uhr Abendessen	8 Uhr
Montag	Dicke Grießsuppe	Malzkaffee mit Milch und Sahne, 1 Kernbrotschnitte mit Butter, Honig oder Marmelade	Sauerkohl — Birnen	Sagosuppe, Blumenkohlauflauf, Tomatensauce, gemischter Obstsalat	Kaffee Brötchen	Bratkartoffeln, Gurken- und Tomatensalat	⅛ Liter Kaffeesahne
Dienstag	Haferflocken		Mohrrüb. — Apfelsine	Zwiebelsuppe *, Schweinerippenspeer gefüllt *, Salat mit Sahne	Zwieback	2 Schnitten, Schnittlauchbutter, Bratäpfel	
Mittwoch	Grieß		Äpfel Weintrauben	Kotelett, Kartoffeln, roter Rübensalat, Mondaminspeise, Saft	Schrippen	Kartoffelnudeln, Salat mit Sahne	
Donnerstag	Haferflocken		Kohlrüb. — Bananen	Grünkernsuppe, Zungenragout, Müsle von Aprikosen	Brötchen	Majorankartoffeln, 1 Setzei, Sahnenjoghurt mit Zucker	
Freitag	Grieß		Sellerie — Ananas	Brühe mit Kohlrabi und Mohrrüben, Roulade, Salat mit Sahne	Zwieback	1 Schnitte, Äpfel, 2 Tomaten mit Haferflockenfüllung	
Sonnabend	Haferflocken		Rettich — Birnen	Tomatensuppe, Hefeklöße mit brauner Butter, Zimt und Zucker, gemischtes Kompott	Schrippen	Pellkartoffeln, Butter, weißer Käse mit Schnittlauch	
Sonntag	Grieß		Äpfel — Datteln	Königinsuppe, Schweinebraten, Rosenkohl, Milchgelee	Apfelkuchen	2 Schnitten mit Käse, Weintrauben, 1 Flasche Malzbier	

[1] Zu den mit * versehenen Gerichten sind Rezepte am Schluß des Buches beigefügt.
[2] Das Obst der 10 Uhr-Rohkost kann auch am Schluß der Mittagsmahlzeit eingenommen werden.

Woche vom 10. November bis 16. November 1930.

Tage	7 Uhr	9 Uhr	10 Uhr Rohkost	12½ Uhr Mittagessen	4 Uhr	6½ Uhr Abendessen	8 Uhr
Montag	Dicke Haferflockensuppe	Malzkaffee mit Milch und Sahne, 1 Kernbrotschnitte mit Butter, Honig oder Marmelade	Kohlrüben — Apfelsin.	Brühkartoffeln, Rinderbrust, Apfelbeignets	Kaffee Brötchen	Kartoffelauflauf, Salat mit Sahne	⅛ Liter Kaffeesahne
Dienstag	Grieß		Rettich — Weintrauben	Aprikosensuppe, gefüllte Kalbsbrust, Birnenkompott	Zwieback	2 Schnitten, Fischsalat mit Mayonnaise	
Mittwoch	Haferflocken		Mohrrüb. — Äpfel	Schwarzwurzelsuppe, Königsberger Klops, Endiviensalat mit Sahne	Schrippen	Pellkartoffeln, Butter, w. Käse mit Kümmel	
Donnerstag	Grieß		Sauerkohl — Birnen	Brathering*, Rosenkohl, gem. Kompott	Brötchen	Warmer Salat aus Kartoffeln u. Äpfeln*, 1 gek. Ei	
Freitag	Haferflocken		Äpfel — Datteln	Schweinefleisch in Sauerkraut, Kartoffeln, Apfelmus	Zwieback	Reis mit brauner Butter, Zimt u. Zucker, Backobst	
Sonnabend	Grieß		Mohrrüb. — Apfelsin.	Brühe mit Weißkohl u. Tomaten, Minutenfleisch, Salat mit Sahne	Schrippen	Bratkartoffeln, Rührei, Sahnenjoghurt m. Zukker und Zimt	
Sonntag	Haferflocken		Äpfel — Feigen	Nudelsuppe mit Petersilie, Roastbeef, Schwarzwurzeln, Zitronencreme	Napfkuchen	2 Schnitten, 1 Tomate, Trauben, 1 Fl. Malzbier	

Schneider, Diät.

Woche vom 17. November bis 23. November 1930.

Tage	7 Uhr	9 Uhr	10 Uhr Rohkost	12½ Uhr Mittagessen	4 Uhr	6½ Uhr Abendessen	8 Uhr
Montag	Dicke Grießsuppe	Malzkaffee mit Milch und Sahne, 1 Kernbrotschnitte mit Butter, Honig oder Marmelade	Sauerkohl — Ananas	Petersiliensuppe, Labskaus, gemischtes Kompott von frischen Früchten	Kaffee Zwieback	Rohe Bratkartoffeln, Schmorkohl	⅛ Liter Kaffeesahne
Dienstag	Haferflocken		Mohrrüb. — Weintrauben	Weinsuppe, gewürztes Kalbsherz*, Salat mit Sahne	Brötchen	Kartoffelauflauf mit Sauerkohl	
Mittwoch	Grieß		Rettich — Apfelsin.	Kümmelsuppe, Breikartoffeln, gebackener Blumenkohl, Müsle von Äpfeln	Schrippen	2 Schnitten mit Rahmkäse, 2 Äpfel	
Donnerstag	Haferflocken		Kohlrüb. — Birnen	Braune Suppe, Rindfleisch mit Ei und Tomate*, Kartoffeln, Kürbiskompott	Zwieback	Bratkartoffeln, Mohrrüben mit Petersilie	
Freitag	Grieß		Äpfel Feigen	Gemüsesuppe, Fischfrikandellen, warmer Kartoffelsalat	Brötchen	Haferflockenbrätlinge*, Spinat	
Sonnabend	Haferflocken		Mohrrüb. — Datteln	Wirsingsuppe, Kartoffelpuffer, Apfelmus	Schrippen	1 Schnitte mit Emmentaler Käse, Kümmelkartoffeln, Sahnenjoghurt mit Zucker	
Sonntag	Grieß		Äpfel — Apfelsinen	Einlaufsuppe, Kalbsbraten, Blumenkohl mit brauner Butter, Luisenspeise*	Räderkuchen	2 Schnitten, Schnittlauchbutter, Weintrauben, 1 Flasche Malzbier	

Woche vom 24. November bis 30. November 1930.

Tage	7 Uhr	9 Uhr	10 Uhr Rohkost	12½ Uhr Mittagessen	4 Uhr	6½ Uhr Abendessen	8 Uhr
Montag	Dicke Haferflockensuppe	Malzkaffee mit Milch und Sahne, 1 Kernbrotschnitte mit Butter, Honig oder Marmelade	Rettich — Weintrauben	Tomatensuppe, Rinderbrust, Meerrettichsauce, Müsle von Aprikosen	Kaffee Brötchen	Rosenkohl, rohe Bratkartoffeln	⅛ Liter Kaffeesahne
Dienstag	Grieß		Mohrrüb. — Bananen	Kotelett, Endiviensalat mit Sahne, Mondaminspeise mit Saft	Zwieback	1 Scheibe Brot mit Käse, 2 arme Ritter, Apfelmus	
Mittwoch	Haferflocken		Sauerkohl — Ananas	Zwiebelsuppe *, gebackene Kartoffelklöße, geschmortes Backobst	Schrippen	2 Schnitten, 1 Ei, Salat mit Mayonnaise	
Donnerstag	Grieß		Kohlrüb. — Birnen	Gänsebraten, Grünkohl, Apfelmus	Brötchen	Buntes Gemüse *	
Freitag	Haferflocken		Feigen — Äpfel	Schweinefleisch, Mohrrüben, Kartoffeln eingekocht, gemischtes Kompott	Zwieback	Pellkartoffeln, Sauerkraut, Speckwürfel mit Zwiebel	
Sonnabend	Grieß		Getr. Pflaumen — Weintrauben	Brühe mit Einlage von Wirsing und Tomaten, Schwarzwurzeln, gebratene Kartoffeln, Salat mit Sahne	Schrippen	Bratlinge aus Kartoffeln, Spinat	
Sonntag	Haferflocken		Äpfel — Apfelsin.	Petersiliensuppe, Schweinebraten, Rotkohl, Schokoladenspeise mit Schlagsahne	Apfelkuchen	2 Schnitten, Käse, Tomate, 1 Fl. Malzbier	

Woche vom 1. Dezember bis 7. Dezember 1930[1].

Tage	7 Uhr	9 Uhr	10 Uhr Rohkost[2]	12½ Uhr Mittagessen	4 Uhr	6½ Uhr Abendessen	8 Uhr
Montag	Dicke Grießsuppe	Malzkaffee mit Milch und Sahne, 1 Kernbrotschnitte mit Butter, Honig oder Marmelade	Mohrrüb. — Bananen Apfelsin.	Braunbiersuppe, Deutsches Beefsteak, Rosenkohl, Kürbis	Kaffee Zwieback	Pellkartoffeln, w. Käse mit Schnittlauch, Butter	1/8 Liter Kaffeesahne
Dienstag	Haferflocken		Feigen — Äpfel	Apfelsuppe, gespickte, gedämpfte Leber, Endiviensalat mit Sahne	Schrippen	1 Scheibe Brot mit Käse, 2 Kartoffelhörnchen	
Mittwoch	Grieß		Kohlrüb. — Wein	Schweinefleisch, Kohlrüben, Kartoffeln eingekocht, Kompott aus frischen Früchten	Brötchen	2 Schnitten, bunter Aufschnitt	
Donnerstag	Haferflocken		Äpfel — Apfelsin.	Hagebuttensuppe * mit Grießklößen, Bratfisch, Salat mit Sahne	Zwieback	Kartoffelsalat mit Äpfeln*, 1 gekochtes Ei	
Freitag	Grieß		Mohrrüb. — Datteln Mandar.	Brühe mit Einlage von Rosenkohl und Tomaten, Semmelklöße mit Speck, geschmorte Birnen	Schrippen	Bratkartoffeln Brathering*, rote Rüben	
Sonnabend	Haferflocken		Rettich — Apfelsin.	Gedämpfte Nieren*, Endiviensalat mit Sahne, Schichtspeise	Brötchen	Pellkartoffeln, Spinat, 1 Setzei	
Sonntag	Grieß		Äpfel Feigen Bananen	Tomatensuppe, Frikadellen, Blumenkohl, Mokkacreme *	Rosinenkuchen	2 Schnitten, Ei, Obst, 1 Flasche Malzbier	

[1] Zu den mit * versehenen Gerichten sind Rezepte am Schluß des Buches beigefügt.
[2] Das Obst der 10 Uhr-Rohkost kann auch am Schluß der Mittagsmahlzeit eingenommen werden.

Woche vom 8. Dezember bis 14. Dezember 1930.

Tage	7 Uhr	9 Uhr	10 Uhr Rohkost	12½ Uhr Mittagessen	4 Uhr	6½ Uhr Abendessen	8 Uhr
Montag	Dicke Haferflockensuppe	Malzkaffee mit Milch und Sahne, 1 Kernbrotschnitte mit Butter, Honig oder Marmelade	Sauerkohl — Bananen Mandar.	Grießsuppe mit Petersilie, Kotelett, Schwarzwurzeln, Birnenkompott	Kaffee Zwieback	Majorankartoffeln, Setzei, Sahnenjoghurt mit Zimt und Zucker	⅛ Liter Kaffeesahne
Dienstag	Grieß		Datteln — Äpfel	Weißbiersuppe, Rippespeer* gefüllt mit Pflaumen, Selleriesalat	Brötchen	1 Schnitte mit Emmentaler Käse, 2 Hefeplinsen	
Mittwoch	Haferflocken		Mohrrüb. — Weintrauben	Rinderbrust, Wirsingkohl, gemischtes Kompott	Schrippen	2 Schnitten mit weißem Käse, 2 Äpfel	
Donnerstag	Grieß		Feigen — Kastanien Apfelsin.	Apfelsuppe*, Sahnenschnitzel, Endiviensalat mit Sahne	Zwieback	Rohe Bratkartoffeln, Spinat	
Freitag	Haferflocken		Äpfel — Bananen Mandar.	Brühe mit Einlage von Mohrrüben und Wirsing, Brathering*, Rotkohl	Brötchen	1 Schnitte mit Rahmkäse, Apfelauflauf	
Sonnabend	Grieß		Kohlrüb. — Apfelsin.	Weiße Bohnen mit Speck, Kartoffeln, Apfelmus	Schrippe	Pellkartoffeln, Sauerkohl, Speck, Zwiebeln	
Sonntag	Haferflocken		Äpfel Datteln Kastanien Nüsse	Nudelsuppe, Rinderfilet, Rosenkohl, Milchgelee	Pfannkuchen	2 Schnitten, Tomaten, Apfelsinen, 1 Flasche Malzbier	

Woche vom 15. Dezember bis 21. Dezember 1930.

Tage	7 Uhr	9 Uhr	10 Uhr Rohkost	12½ Uhr Mittagessen	4 Uhr	6½ Uhr Abendessen	8 Uhr
Montag	Dicke Grießsuppe	Malzkaffee mit Milch und Sahne, 1 Kernbrotschnitte mit Butter, Honig oder Marmelade	Mohrrüben — Apfelsin.	Brühe mit Einlage von Tomaten und Rosenkohl, Kalbfleisch, Petersiliensauce, Endiviensalat mit Sahne	Kaffee Brötchen	Bratkartoffeln, Spinat, 1 Setzei	⅛ Liter Kaffeesahne
Dienstag	Haferflocken		Feigen — Äpfel	Tomatensuppe, Klöße mit Backobst	Zwieback	1 Scheibe Brot mit Rahmkäse, 2 arme Ritter, Apfelmus	
Mittwoch	Grieß		Kohlrüben — Bananen Mandar.	Erbsensuppe, Rouladen, gemischtes Kompott	Schrippen	Makkaroni mit brauner Butter, Zimt u. Zucker	
Donnerstag	Haferflocken		Sauerkohl — Weintrauben	Petersiliensuppe, Huhn gebraten, Blumenkohl, Apfelmus	Brötchen	Mohrrüben, Kartoffeln	
Freitag	Grieß		Äpfel — Mandar.	Irish Stew, Apfelstrudel	Zwieback	2 Schnitten, Rettich mit Sahne, Obst	
Sonnabend	Haferflocken		Mohrrüben — Apfelsin.	Lebersuppe, Bratfisch, Salat mit Sahne	Schrippen	Pellkartoffeln, weißer Käse mit Schnittlauch, Butter	
Sonntag	Grieß		Äpfel Datteln Kastanien	Nudelsuppe, Schweinefilet, Schmorkohl, Zitronencreme	Bienenstich	2 Schnitten Ei, Apfelsinen, 1 Fl. Malzbier	

Woche vom 22. Dezember bis 28. Dezember 1930.

Tage	7 Uhr	9 Uhr	10 Uhr Rohkost	12½ Uhr Mittagessen	4 Uhr	6½ Uhr Abendessen	8 Uhr
Montag	Dicke Haferflockensuppe	Malzkaffee mit Milch und Sahne, 1 Kernbrotschnitte mit Butter, Honig oder Marmelade	Kohlrüben — Bananen Mandar.	Erbsen mit Speck, Apfelsinenspeise	Kaffee Zwieback	Bratkartoffeln, Tomatensalat, Setzei	⅛ Liter Kaffeesahne
Dienstag	Grieß		Mohrrüben — Äpfel	Gefüllter Weißkohl, Quarkspeise	Brötchen	1 Schnitte mit Emmentaler Käse, 2 Äpfel i. Schlafrock*	
Mittwoch	Haferflocken		Rettich — Bananen Mandar.	Brühe mit Einlage von Wirsing, Hefeklöße* mit brauner Butter, Zimt und Zucker, gem. Kompott	Napfkuchen	Pellkartoffeln, weißer Käse mit Schnittlauch, Butter	
Donnerstag	Grieß		Äpfel — Apfelsin.	Gans gebraten, Grünkohl, Karamellecreme	Napfkuchen	2 Schnitten, Rahmkäse, 1 Banane	
Freitag	Haferflocken		Feigen — Äpfel	Nudelsuppe, Schweinebraten, Rotkohl, Apfelmus	Brötchen	2 Schnitten lauchbutter, Apfelsin.	
Sonnabend	Grieß		Mohrrüben — Apfelsin.	Szegediner Gulasch*, gem. Kompott, Schokoladenspeise	Schrippen	Pellkartoffeln, Sauerkohl, gebr. Speck mit Zwiebeln, Sahnenjoghurt mit Zucker	
Sonntag	Haferflocken		Datteln — Mandar.	Grießsuppe mit Petersilie, Roastbeef, Rosenkohl, Apfelspeise mit Sahne	Butterkuch.	2 Schnitten, 1 Tomate, 1 Banane, 1 Mandarine, 1 Flasche Malzbier	

Woche vom 29. Dezember 1930 bis 4. Januar 1931.

Tage	7 Uhr	9 Uhr	10 Uhr Rohkost	12½ Uhr Mittagessen	4 Uhr	6½ Uhr Abendessen	8 Uhr
Montag	Dicke Grießsuppe	Malzkaffee mit Milch und Sahne, 1 Kernbrotschnitte mit Butter, Honig oder Marmelade	Datteln — Apfelsin.	Kümmelsuppe, Breikartoffeln, gefüllte Tomaten, Apfelsinenkompott	Kaffee Brötchen	Pellkartoffeln, weißer Käse mit Schnittlauch, Butter	⅛ Liter Kaffeesahne
Dienstag	Haferflocken		Mohrrüb. — Äpfel	Bohnensuppe, Fleischvögel*, Salat mit Sahne	Zwieback	1 Schnitte mit Emmentaler Käse, 3 gefüllte Kartoffeln	
Mittwoch	Grieß		Rettich — Mandar. Bananen	Karpfen in Bier, Selleriesalat, Aprikosenspeise	Schrippen	2 Schnitten, Tomatensalat, 1 Apfelsine	
Donnerstag	Haferflocken		Feigen — Äpfel	Nudelsuppe, Kalbsbraten, Blumenkohl, Apfelmus	Pfannkuchen	2 Schnitten, Petersilienbutter, Mandarinen	
Freitag	Grieß		Kohlrüb. — Äpfel	Kartoffelsuppe, Kotelett gebraten, Schwarzwurzeln, gem. Kompott	Zwieback	Pellkartoffeln, Spinat, 1 Setzei	
Sonnabend	Haferflocken		Mohrrüb. — Mandar. Bananen	Weiße Bohnen mit Äpfel u. Speck, Brisoletts, Kartoffeln, Apfelmus	Schrippen	Bratkartoffeln, Brathering*, roter Rübensalat	
Sonntag	Grieß		Äpfel — Apfelsin.	Blumenkohlsuppe, Gulasch von Kalbfleisch, Rosenkohl, Karamellecreme	Apfelkuchen	2 Schnitten, Rahmkäse, Datteln, 1 Fl. Malzbier	

Muster für die Kostenberechnung.

1. Wochenübersicht vom 30. Dezember 1929 bis 5. Januar 1930.
(Die Berechnungen sind der Übersicht halber für 10 Personen.)

1. Tag.

	RM.
250 g Grieß	—,15
10 l Milch à 0,20	2,—
Malzkaffee 130 g	—,07
Brot 2 St. à 1 ℔	—,50
200 g Marmelade	—,30
4 Zitronen à 0,04	—,16
5 Eier à 0,16	—,80
2 ℔ Butter à 1,80	3,60
2½ ℔ Mohrrüben à 0,07 . .	—,18
2 ℔ Mandarinen	—,40
2 ℔ Rindfleisch	
Fehlrippe à 0,90	1,80
6 ℔ Wirsingkohl à 0,12. . .	—,72
400 g getr. Aprikosen . . .	—,56
10 Stck. Brötchen à 2,5. . .	—,25
1 ℔ Reis	—,35
1½ l Weißwein	2,25
10 Zitronen à 0,04	—,40
8 Eier à 0,16	1,28
1¼ l Kaffeesahne à 0,75 . .	—,95
1 l Schlagsahne	1,80
Dardex	—,80
Cenovis Nährhefe ⎫ für die	—,40
Cenovis Vitamine ⎬ ganze	3,70
Carnolactin ⎭ Woche	1,10
Allgemein à Person 0,25 . .	2,50
	27,02

2. Tag.

250 g Haferflocken	0,14
10 l Milch	2,—
Malzkaffee	—,07
Brot 2 St. à 1 ℔	—,50
2 ℔ Butter à 1,80	3,60
4 Zitronen	—,16
5 Eier	—,80
5 Pack Zwieback à 0,14 . .	—,70

	RM.
2½ ℔ Blumenkohl à 0,50. .	1,25
10 Bananen à 0,15	1,50
1½ ℔ Feigen à 0,30	—,45
1½ ℔ Linsen à 0,40	—,60
1 ℔ Rind- ⎫ Fleisch . .	2,20
1 ℔ Schweine- ⎭	
6 ℔ Spinat à 0,40	2,40
10 grüne Heringe à 0,09 . .	—,90
1¼ l Kaffeesahne	—,95
1 l Schlagsahne	1,80
Allgemein à Person 0,25 . .	2,50
	22,52

3. Tag.

250 g Grieß	—,15
10 l Milch	2,—
Malzkaffee	—,07
Brot 4 St. à 1 ℔	1,—
200 g Marmelade	—,30
4 Zitronen	—,16
5 Eier	—,80
2 ℔ Butter	3,60
10 Schrippen	—,25
10 St. Kohlrabi à 0,08 . . .	—,80
20 Apfelsinen à 0,12	2,40
Gemüseeinlage zur Suppe .	—,50
5 ℔ Karpfen à 1,—.	5,—
2 Fl. Braunbier à 0,20 . . .	—,40
¼ l Rotwein	—,50
7 ℔ Sellerie à 0,40 . . .	2,80
5 ℔ Tomaten à 0,60	3,—
1 ℔ weißer Käse	—,60
10 Fl. Malzbier	2,—
1¼ l Kaffeesahne	—,95
1 l Schlagsahne	1,80
Allgemein à Person 0,25 . .	2,50
	31,58

58 Muster für die Kostenberechnung.

4. Tag.

	RM.
250 g Haferflocken à 0,28	0,14
10 l Milch	2,—
Malzkaffee	—,07
Brot 2 St. à 1 ℔	—,50
Honig 200 g	—,52
4 Zitronen	—,16
5 Eier	—,80
10 Brötchen	—,25
2 ℔ Butter	3,60
2½ ℔ Kohlrüben à 0,08	—,20
5 ℔ Weintrauben à 0,65	3,25
4 Fl. Weißbier à 0,20	—,80
2 ℔ Rindfleisch	2,40
5 Köpfe Endivien à 0,30	1,50
7 ℔ Weißkohl à 0,07	0,49
360 g Hammelfleisch	1,05
1¼ l Kaffeesahne	—,95
1 l Schlagsahne	1,80
Allgemein à Person 0,25	2,50
	22,98

5. Tag.

250 g Grieß	—,15
10 l Milch	2,—
Malzkaffee	—,07
Brot 2 St.	—,50
4 Zitronen	—,16
5 Eier	—,80
5 Pack Zwieback à 0,14	—,70
2 ℔ Butter	3,60
2½ ℔ Sellerie à 0,40	1,—
4 ℔ Äpfel à 0,40	1,60
2½ ℔ Tomaten à 0,60	1,50
150 g Reis	—,12
1 ℔ Schmalz	—,60
3 ℔ Musäpfel à 0,35	1,05
1 ℔ fetten Speck	—,90
10× Sahnenjoghurt à 0,20	2,—
1¼ l Kaffeesahne	—,95
1 l Schlagsahne	1,80
Allgemein à Person 0,25	2,50
	22,—

6. Tag.

250 g Haferflocken	0,14
10 l Milch	2,—

	RM.
Malzkaffee	—,07
Brot 4 St.	1,—
Honig	—,52
4 Zitronen	—,16
5 Eier	—,80
10 Schrippen	—,25
2 ℔ Butter	3,60
2½ ℔ Mohrrüben à 0,07	—,18
10 Mandarinen à 0,04	—,40
10 Bananen à 0,12	1,20
2 ℔ Sellerie à 0,40	—,80
2 ℔ Schweinefleisch ohne Knochen à 1,10	2,20
7 ℔ Grünkohl à 0,10	—,70
10 Eier à 0,16	1,60
¾ l Öl à 1,50	1,15
5 Köpfe Salat à 0,35	1,75
1¼ l Kaffeesahne	—,95
1 l Schlagsahne	1,80
Allgemein à Person 0,25	2,50
	23,77

7. Tag.

250 g Grieß	—,15
10 l Milch	2,—
Malzkaffee	—,07
Brot 4 St.	1,—
Kuchen je 0,10	1,—
4 Zitronen	—,16
5 Eier	—,80
2 ℔ Butter	3,60
2 ℔ Äpfel à 0,35	0,70
20 Apfelsinen à 0,12	2,40
1 ℔ Nieren	—,90
2 ℔ Rinderfilet à 1,90	3,80
5 ℔ Blumenkohl à 0,50	2,50
3 Stangen Vanille à 0,15	—,45
400 g Kalbsbraten	1,20
5 ℔ Rote Rüben à 0,10	—,50
1¼ l Kaffeesahne	—,95
1 l Schlagsahne	1,80
Allgemein à Person 0,25	2,50
	26,48

2. Wochenübersicht vom 7. April bis 13. April 1930.

1. Tag.

250 g Haferflocken	—,14
10 l Milch	2,—
Malzkaffee	—,07
Brot 2 St.	—,50
Marmelade	—,30
4 Zitronen	—,16
5 Eier à 0,09	—,45

Muster für die Kostenberechnung.

	RM.
10 Brötchen	—,25
2 ℔ Butter à 1,60	3,20
2 gr. Gurken à 0,85	1,70
10 St. Mandarinen à 0,06	—,60
2 ℔ Datteln à 0,60	1,20
2 ℔ Leber	2,—
¼ ℔ salzloser Speck	—,23
5 Köpfe Salat à 0,25	1,25
10 Eier à 0,09	—,90
1½ ℔ Rote Rüben à 0,10	—,15
1 ℔ Mohrrüben	—,07
1¼ l Kaffeesahne	—,75
1 l Schlagsahne	1,60
Dardex	—,80
Cenovis Nährhefe } für die	—,40
Cenovis Vitamine } ganze Woche	3,70
Carnolactin	1,10
Allgemein à Person 0,25	2,50
	26,02

2. Tag.

250 g Grieß	—,15
10 l Milch	2,—
Malzkaffee	—,07
Brot 2 St.	—,50
4 Zitronen	—,16
5 Eier	—,45
5 Pack. Zwieback à 0,14	—,70
2 ℔ Butter	3,20
2½ ℔ Mohrrüben à 0,07	—,18
20 Apfelsinen à 0,15	3,—
1½ ℔ Kohlrabi	1,50
2 ℔ Zunge à 2,—	4,—
½ ℔ Spargel	—,60
1 l Weißwein	1,50
2½ ℔ Rhabarber à 0,40	1,—
5 ℔ Blumenkohl à 0,50	2,50
½ ℔ fetten Speck	—,45
2 ℔ Tomaten à 0,50	1,—
1¼ l Kaffeesahne	—,75
1 l Schlagsahne	1,60
Allgemein	2,50
	27,81

3. Tag.

250 g Haferflocken	—,14
10 l Milch	2,—
Malzkaffee	—,07
Brot 4 St.	1,—
Marmelade	—,30
4 Zitronen	—,16
5 Eier	—,45

	RM.
10 Schrippen	—,25
2 ℔ Butter	3,20
2½ ℔ Blumenkohl à 0,50	1,25
5 ℔ Äpfel à 0,50	2,50
2 ℔ Spinat 0,25	—,50
7 ℔ Wirsingkohl à 0,13	—,91
2 ℔ Rindfleisch à 0,90	1,80
5 Brötchen	—,13
75 g Mandeln	—,30
½ ℔ ger. Mohn	—,75
50 g Rosinen	—,10
2½ ℔ weißer Käse	1,50
10 Bananen à 0,15	1,50
1¼ l Kaffeesahne	—,75
1 l Schlagsahne	1,60
Allgemein à Person 0,25	2,50
	23,66

4. Tag.

250 g Grieß	—,15
10 l Milch	2,—
Malzkaffee	—,07
Brot 2 St.	—,50
Honig	—,52
4 Zitronen	—,16
5 Eier	—,45
2 ℔ Butter	3,20
10 Brötchen	—,25
5 Bd. Radieschen à 0,35	1,75
10 Mandarinen à 0,06	—,60
2 ℔ Feigen à 1,—	2,—
Brot zur Suppe	—,25
1½ ℔ Äpfel	—,75
3 ℔ Seefisch à 0,70	2,10
2 gr. Gurken	1,70
5½ ℔ Spinat	1,40
10 Eier	0,90
1¼ l Kaffeesahne	0,75
1 l Schlagsahne	1,60
Allgemein à Person 0,25	2,50
	23,60

5. Tag.

250 g Haferflocken	—,14
10 l Milch	2,—
Malzkaffee	—,07
Brot 2 St.	—,50
4 Zitronen	—,16
5 Eier	—,45
5 Pack Zwieback	—,70
2 ℔ Butter	3,20
2 ℔ Sauerkohl à 0,15	—,30

Muster für die Kostenberechnung.

	RM.
5 ℔ Äpfel	2,20
5 Zitronen	—,20
¼ l Weißwein	—,40
18 Semmeln	—,45
1 ℔ fetten Speck	—,95
2½ ℔ Birnen	1,25
1 ℔ Reis	—,35
3 ℔ Tomaten	1,50
1¼ l Kaffeesahne	—,75
1 l Schlagsahne	1,60
Allgemein à Person 0,25	2,50
	19,67

6. Tag.

250 g Grieß	—,15
10 l Milch	2,—
Malzkaffee	—,07
Brot 2 St.	—,50
Honig	—,52
4 Zitronen	—,16
5 Eier	—,45
10 Schrippen	—,25
2 ℔ Butter	3,20
2½ ℔ Kohlrüben à 0,08	—,20
20 Mandarinen à 0,06	1,20
10 Bananen à 0,15	1,50
1 ℔ Tomaten	—,55
½ ℔ Blumenkohl à 0,50	—,25
½ ℔ Wirsingkohl à 0,16	—,08
2½ ℔ Rinderherz	1,50
5 Köpfe Salat à 0,25	1,25

	RM.
4 gr. Gurken à 0,75	3,—
1¼ l Kaffeesahne	—,75
1 l Schlagsahne	1,60
Allgemein à Person 0,25	2,50
	21,68

7. Tag.

250 g Haferflocken	—,14
10 l Milch	2,—
Malzkaffee	—,07
Brot 4 St.	1,—
Kuchen	2,—
4 Zitronen	—,16
5 Eier	—,45
2 ℔ Butter	3,20
10 Äpfel	1,10
20 Apfelsinen à 0,15	3,—
100 g Nudeln	—,10
2 ℔ Kalbsbraten	2,80
5 ℔ Schwarzwurzeln à 0,30	1,50
50 g Schokoladenpulver	—,10
50 g Kakaopulver	—,10
¼ ℔ Kaffee	—,75
2 ℔ Tomaten à 0,55	1,10
10 Fl. Malzbier	2,—
10 Bananen	1,50
1¼ l Kaffeesahne	—,75
1 l Schlagsahne	1,60
Allgemein à Person 0,25	2,50
	27,92

3. Wochenübersicht vom 14. Juli bis 20. Juli 1930.

1. Tag.

250 g Haferflocken	—,14
10 l Milch	2,—
Malzkaffee	—,07
Brote 2 St. à 1 ℔	—,50
4 Zitronen	—,16
5 Eier à 0,08	—,40
5 Pack Zwieback à 0,14	—,70
2 ℔ Butter à 1,35	2,70
2½ ℔ Mohrrüben à 0,12	—,30
5 ℔ Stachelbeeren à 0,40	2,—
2 ℔ Johannisbeeren à 0,35	—,70
250 g Grieß	—,15
5 Eier	—,40
2 ℔ Schmorfleisch 1,30	2,60
5 ℔ Sellerie à 0,50	2,50
2½ ℔ Sauerkohl à 0,15	—,40
½ ℔ fetten Speck	—,45

1¼ l Kaffeesahne	—,75
1 l Schlagsahne	1,60
Dardex	—,80
Cenovis Nährhefe } für die	—,40
Cenovis Vitamine } ganze	3,70
Carnolactin } Woche	1,10
Allgemein à Person 0,25	2,50
	27,02

2. Tag.

250 g Grieß	—,15
10 l Milch	2,—
Malzkaffee	—,07
Brote 2 St.	—,50
Honig	—,52
10 Schrippen	—,25
4 Zitronen	—,16
5 Eier	—,40

Muster für die Kostenberechnung. 61

	RM.
2 ℔ Butter	2,70
2½ ℔ Blumenkohl à 0,50	1,25
5 ℔ Kirschen à 0,50	2,50
1 ℔ Kohlrabi	—,10
1 ℔ Tomaten	—,55
1 ℔ Reis	—,35
1 ℔ Kirschen	—,50
1 ℔ Erdbeeren	—,80
½ ℔ Johannisbeeren	—,20
2 ℔ Sauerampfer à 0,20	—,40
¼ l saure Sahne	—,15
1¼ l Kaffeesahne	—,75
1 l Schlagsahne	1,60
Allgemein à Person 0,25	2,50
	18,40

3. Tag.

250 g Haferflocken	—,14
10 l Milch	2,—
Malzkaffee	—,07
Brote 4 St.	1,—
Marmelade	—,30
10 Brötchen	—,25
4 Zitronen	—,16
5 Eier	—,40
2 ℔ Butter	2,70
2½ ℔ Sellerie à 0,50	1,25
5 ℔ Erdbeeren à 0,70	3,50
1 ℔ Nieren	—,90
2½ ℔ Schnitzel à 1,80	4,50
5 ℔ Kohlrabi à 0,10	—,50
¼ l saure Sahne	—,15
2½ ℔ Birnen à 0,50	1,25
2 ℔ Tomaten à 0,55	1,10
2 ℔ Birnen à 0,45	—,90
1¼ l Kaffeesahne	—,75
1 l Schlagsahne	1,60
Allgemein a Person 0,25	2,50
	25,92

4. Tag.

250 g Grieß	—,15
10 l Milch	2,—
Malzkaffee	—,07
Brote 2 St.	—,50
4 Zitronen	—,16
5 Eier	—,40
5 Pack Zwieback	—,70
2 ℔ Butter	2,70
2 gr. Gurken à 0,50	1,—
5 ℔ Johannisbeeren à 0,30	1,50
5 Zitronen	—,20

	RM.
10 Bratwürste à 0,25	2,50
5 ℔ Spinat à 0,20	1,—
2½ ℔ weißen Käse	1,50
1 ℔ Reis	—,35
2 ℔ Tomaten à 0,55	1,10
1¼ l Kaffeesahne	—,75
1 l Schlagsahne	1,60
Allgemein à Person 0,25	2,50
	20,68

5. Tag.

250 g Haferflocken	—,14
10 l Milch	2,—
Malzkaffee	—,07
Brote 4 St.	1,—
Marmelade	—,30
4 Zitronen	—,16
5 Eier	—,40
10 Schrippen	—,25
2 ℔ Butter	2,70
2 ℔ Birnen	—,80
5 ℔ Stachelbeeren	1,50
2½ ℔ Pflaumen	1,50
4 ℔ Flundern	3,20
5 Köpfe Salat	—,60
3 ℔ Erdbeeren	2,10
1¼ l Kaffeesahne	—,75
1 l Schlagsahne	1,60
Allgemein à Person 0,25	2,50
	21,57

6. Tag.

250 g Grieß	—,15
10 l Milch	2,—
Malzkaffee	—,07
Brote 2 St.	—,50
Honig	—,52
4 Zitronen	—,16
5 Eier	—,40
10 Brötchen	—,25
2 ℔ Butter	2,60
10 Rettiche	1,50
5 ℔ Stachelbeeren	1,50
200 g Schokoladenpulver	—,40
2½ ℔ Koteletts à 1,10	2,75
2½ ℔ gr. Bohnen	—,90
1½ ℔ Tomaten	—,85
10 Eier	—,80
3 gr. Gurken	1,20
¼ l saure Sahne	—,15
1¼ l Kaffeesahne	—,75
1 l Schlagsahne	1,60
Allgemein à Person 0,25	2,50
	21,55

Muster für die Kostenberechnung.

7. Tag.

	RM.
250 g Haferflocken	—,14
10 l Milch	2,—
Malzkaffee	—,07
Brote 4 St.	1,—
10 St. Kuchen	1,50
4 Zitronen	—,16
5 Eier	—,40
2 ℔ Butter	2,60
2½ ℔ Äpfel à 0,65	1,65
5 ℔ Kirschen à 0,25	1,25
1 l Weißwein	1,50
⅛ Makronen	—,40
6 ℔ Hühner à 1,20	7,20
3 ℔ Mohrrüben	—,30
3 ℔ Schoten	1,05
5 Eier	—,40
3 St. Vanille	—,45
2 ℔ weißen Käse	1,20
2½ ℔ Kirschen à 0,25	—,65
10 Fl. Malzbier	2,—
1¼ l Kaffeesahne	—,75
1 l Schlagsahne	1,60
Allgemein à Person 0,25	2,50
	30,77

4. Wochenübersicht vom 27. Oktober bis 2. November 1930.

1. Tag.

250 g Haferflocken	—,14
10 l Milch	2,30
Malzkaffee, 130 g	—,07
Brote, 2 St. à 1 ℔	—,50
5 Pakete Zwieback à 0,14	—,70
4 Zitronen	—,16
5 Eier à 0,10	—,50
2 ℔ Butter à 1,50	3,—
2 ℔ Mohrrüben	—,30
5 ℔ Weintrauben à 0,50	2,50
2½ ℔ Hammelfleisch à 1,40	3,50
5 ℔ Weißkohl	—,25
4 ℔ Äpfel à 0,25	1,—
½ ℔ Gelee	—,30
10 Eier	1,—
5 Köpfe Salat	—,60
1¼ l Kaffeesahne	—,75
1 l Schlagsahne	1,60
Dardex	—,80
Cenovis Nährhefe } für die	0,40
Cenovis Vitamine } ganze	3,70
Carnolactin } Woche	1,10
Allgemein à Person 0,25	2,50
	27,67

2. Tag.

250 g Grieß	—,15
10 l Milch	2,30
Malzkaffee	—,07
Brote, 2 St. à 1 ℔	—,50
Honig	—,52
4 Zitronen	—,16
5 Eier	—,50
10 Brötchen	—,25
2 ℔ Butter	3,—
2 ℔ Äpfel à 0,35	—,70
5 ℔ Ananas à 1,—	5,—
3 ℔ Fischfilet à 0,80	2,40
5 Köpfe Endivien à 0,20	1,—
5 ℔ Sellerie à 0,25	1,25
1¼ l Kaffeesahne	—,75
1 l Schlagsahne	1,60
Allgemeines à Person 0,25	2,50
	22,65

3. Tag.

250 g Haferflocken	—,14
10 l Milch	2,30
Malzkaffee	—,07
Brote, 4 St.	1,—
Marmelade	—,30
4 Zitronen	—,16
5 Eier	—,50
10 Schrippen	0,25
2 ℔ Butter	3,—
2½ ℔ Kohlrüben à 0,10	—,25
2½ ℔ Birnen à 0,50	1,25
1 l Weißwein	1,50
10 ℔ Gans à 1,—	10,—
7 ℔ Grünkohl à 0,15	1,05
2½ ℔ Äpfel à 0,30	—,75
10 Rettiche à 0,15	1,50
2 ℔ Äpfel à 0,35	—,70
1¼ l Kaffeesahne	—,75
1 l Schlagsahne	1,60
Allgemein à Personen 0,25	2,50
	29,57

4. Tag.

250 g Grieß	—,15
10 l Milch	2,30
Malzkaffee 130 g	—,07
Brote, 2 St.	—,50

Muster für die Kostenberechnung. 63

	RM.
5 Pakete Zwieback	—,70
4 Zitronen	—,16
5 Eier	—,50
2 ℔ Butter	3,—
10 Bananen	1,50
2½ ℔ Feigen à 0,80	2,—
2 ℔ Erbsen à 0,45	—,90
½ ℔ Speck	—,45
5 Eier	—,50
½ ℔ Marmelade	—,30
5 ℔ Äpfel à 0,35	1,75
½ l Weißwein	—,70
5 Pakete Zwieback	—,70
1¼ l Kaffeesahne	—,75
1 l Schlagsahne	1,60
Allgemein à Person 0,25	2,50
	21,03

5. Tag.

250 g Haferflocken	—,14
10 l Milch	2,30
Malzkaffee	—,07
Brote, 2 St.	—,50
Marmelade	—,30
4 Zitronen	—,16
5 Eier	—,50
2 ℔ Butter	3,—
10 Brötchen	—,25
2½ ℔ Blumenkohl à 0,50	1,25
5 ℔ Weintrauben à 0,70	3,50
5 ℔ Schwarzwurzeln à 0,20	1,—
½ ℔ Rindfleisch ⎫ ½ ℔ Schweinefleisch ⎭	1,20
250 g Grieß	—,15
¼ l Saft	—,30
10 Eier	1,—
5 Köpfe Salat	—,60
1¼ l Kaffeesahne	—,75
1 l Schlagsahne	1,60
Allgemein à Person 0,25	2,50
	21,07

6. Tag.

250 g Grieß	—,15
10 l Milch	2,30

	RM.
Malzkaffee	—,07
3 Brote	—,75
Honig	—,52
4 Zitronen	—,16
5 Eier	—,50
10 Schrippen	—,25
2 ℔ Butter	3,—
2½ ℔ Mohrrüben à 0,06	—,15
5 ℔ Birnen à 0,40	2,—
3 Köpfe Endivien à 0,20	—,60
2 ℔ Rindfleisch à 1,30	2,60
¼ ℔ Speck	—,22
3 ℔ Sauerkohl à 0,15	—,45
400 g getrocknete Aprikosen	—,60
300 g Rahmkäse à 1,15	—,72
4 ℔ Äpfel à 0,35	1,40
½ ℔ Butter	—,75
4 Eier	—,40
1¼ l Kaffeesahne	—,75
1 l Schlagsahne	1,60
Allgemein à Person 0,25	2,50
	22,44

7. Tag.

250 g Haferflocken	—,14
10 l Milch	2,30
Malzkaffee	—,07
4 Brote	1,—
Kuchen, 10 St.	1,—
4 Zitronen	—,16
5 Eier	—,50
2 ℔ Butter	3,—
2 ℔ Äpfel à 0,55	1,10
2½ ℔ Feigen à 0,80	2,—
¼ ℔ Nudeln	—,10
2 ℔ Kalbsbraten à 1,50	3,—
5 ℔ Blumenkohl à 0,50	2,50
½ ℔ Schokoladenpulver	—,50
2 ℔ Birnen à 0,50	1,—
400 g Emmentaler à 1,50	1,20
10 Fl. Malzbier	2,—
1¼ l Kaffeesahne	—,75
1 l Schlagsahne	1,60
Allgemein à Person 0,25	2,50
	26,42

Kochrezepte[1].

Aprikosensuppe (für 4 Personen).

140 g getrocknete Aprikosen — 60—80 g Zucker — etwas Stangenzimt.

Die am Abend vorher gewaschenen, eingeweichten Aprikosen setzt man im selben Wasser mit etwas Zimt aufs Feuer und kocht sie, bis die Früchte sich mit dem Löffel teilen lassen. Dann passiert man die Suppe durch ein Sieb und gibt Zucker nach Geschmack hinzu.

Apfelsuppe (für 4 Personen).

½ ℔ Äpfel — 1 l Wasser — Zitronenschale von 1 Zitrone — etwas Zimt — Zucker nach Geschmack.

Die Äpfel werden gewaschen, in Viertel geschnitten, mit Schale und Kerngehäuse im Wasser gekocht. Zitronenschale und Zimt gibt man gleich hinzu und läßt die Äpfel ganz weich werden. Dann passiert man die Suppe durch ein Sieb und schmeckt mit Zucker ab. Wünscht man sie etwas herber, so tue man ein wenig Zitronensaft hinein.

Apfelsinensuppe (für 4 Personen).

5 Apfelsinen — 2 l Wasser — 130 g Zucker — 50 g Zwieback — Weißwein — Zucker nach Geschmack — 2 Eigelb.

Die Schale von ½ Apfelsine wird fein geschält und mit 2 l Wasser 1 Stunde gekocht. Die Flüssigkeit wird dann durch ein Sieb gegossen und mit Zucker und gestoßenem Zwieback gemischt und ungefähr 10 Minuten gekocht.

Die geriebene Apfelsinenschale von 2 Früchten wird mit Zucker und etwas Weißwein gemischt. Man läßt sie, nachdem man noch den Saft der beiden Apfelsinen hinzugetan hat, eine Weile ziehen. Dann gießt man alles in die Suppe, die mit Eigelb legiert wird. Die Suppe wird serviert mit in Scheiben geschnittenen Apfelsinen.

---

[1] Ganz nach der Jahreszeit und der Art der Früchte ergänzt man den Geschmack der Suppen durch Zitronensaft und Zucker.

Kochrezepte.

Blaubeersuppe (für 4 Personen).

1 ℔ Blaubeeren — 1 l Wasser — Zucker nach Geschmack.

Die Blaubeeren werden vorsichtig gewaschen und in Wasser auf schwachem Feuer gar gekocht. Ganz nach Geschmack gibt man etwas Zitronenschale oder Zimt hinein. Sind die Beeren ziemlich gar gekocht, macht man die Suppe mit Mondamin oder Kartoffelmehl sämig und schmeckt sie mit Zucker ab. Sehr gut schmecken in dieser Suppe Grießklöße.

Backobstsuppe (für 4 Personen).

140 g Backobst — 25 g Zucker — Zitronenschale — Zimt.

Nachdem man das Obst gewaschen hat, weicht man es am Abend vorher ein, setzt es am nächsten Tag im selben Wasser mit Zitronenschale und Zimt aufs Feuer und kocht alles ganz weich.

Man passiert die Suppe und schmeckt mit Zucker ab.

Hagebuttensuppe (für 1 Person).

35 g getr. Hagebutten — ½ l Wasser — etwas Weißwein — 1 Teelöffel Kartoffelmehl — Zucker nach Geschmack.

Die Hagebutten werden von Stil und Blüte befreit im Wasser weich gekocht, dann durch ein Sieb gerührt und nochmals durch ein dichtes Multuch gegossen, damit die Kerne und die kleinen Härchen haften bleiben. Mit Kartoffelmehl macht man die Suppe bündig und schmeckt mit Weißwein und Zucker ab.

Kirschsuppe (für 4 Personen).

1 l Wasser — 1 ℔ entsteinte Kirschen — etwas Zitronenschale — ein wenig ganzer Zimt — Zucker nach Geschmack.

Man kocht die entsteinten Kirschen auf schwachem Feuer weich, gibt einige aufgeknackte Kerne, sowie Zitronenschale und Zimt daran. Sind die Kirschen genügend weich, so zieht man die Suppe mit 15—25 g Mondamin ab. Kocht das Wasser sehr ein, muß etwas Wasser nachgegossen werden.

Zitronensuppe (für 4 Personen).

1 l Wasser — 30 g Sago — 30 g Zucker — 2 Zitronen — 1 Ei zum Abziehen — etwas Weißwein — etwas Zimt.

Man setzt das Wasser mit der Schale der beiden Zitronen und etwas Stangenzimt auf und läßt alles eine Viertelstunde kochen. Nun gibt man den Sago hinein, kocht ihn bis er klar ist, gießt Zitronensaft hinzu, zieht mit 1 Ei ab und schmeckt mit Zucker ab. Zuletzt gießt man einen Schuß Wein hinein.

Rhabarbersuppe (für 4 Personen).

1 l Wasser — ½ ℔ Rhabarber — etwas Vanille oder Zimt — 1 Eßlöffel Kartoffelmehl.

Nachdem die Rhabarberstengel von Blättern und Wurzelteilen, sowie möglichst von der harten Haut befreit sind, schneidet man sie in 2 cm lange Stücke, setzt sie mit dem Wasser auf und gibt nach Belieben etwas Zimt oder Vanille hinein. Ist der Rhabarber gar, rührt man die Suppe mit Kartoffelmehl an und schmeckt mit Zucker ab.

Weißbiersuppe (für 4 Personen).

1½ l Weißbier — 25—30 g Kartoffelmehl — etwas Zimt und Zitronenschale.

Das Weißbier wird mit etwas ganzem Zimt, einem Stückchen Zitronenschale, einer Nelke und etwas Zucker zum Kochen gebracht. Das Kartoffelmehl wird in einer kleinen Menge Wasser aufgelöst, dazugetan und so lange gekocht, bis die Suppe sämig ist. Die Suppe wird mit 2 geschlagenen Eiern abgezogen und sofort angerichtet. An heißen Tagen schmeckt die Suppe auch kalt gut.

Gemüsebrühe.

Mohrrüben — Porreestengel — Rosenkohl — Sellerie — Schwarzwurzeln — Blumenkohlröschen — etwas Wirsing oder Weißkohl — Tomaten — Zwiebeln.

Das Gemüse wird geputzt, gewaschen und in Würfel geschnitten und in etwas Butter hellgelb geröstet. Einige Liter Wasser werden dazugetan, und alles zusammen läßt man ungefähr 1 Stunde kochen. Man kann sich das Gemüse ganz nach Geschmack und der Jahreszeit entsprechend aussuchen. Die Gemüsebrühe wird zu Suppen und zum Angießen von Speisen benutzt.

Grießsuppe mit Gemüseeinlage (für 4 Personen).

60 g Grieß — ½ ℔ Blumenkohl — etwas Öl — einige Zwiebeln — etwas Champignons — Petersiliengrün — 1½ l Gemüsebrühe.

Der Grieß wird in dem Öl goldgelb geröstet und mit der kochenden Gemüsebrühe unter ständigem Rühren übergossen.

Ferner röstet man in Öl einige Scheiben Zwiebeln, Champignons, Petersiliengrün und gibt alles mit den Blumenkohlröschen in die Suppe, die man mit Liebig, Dardex, Cenovis abschmeckt. Vor dem Anrichten kann die Suppe mit 1 Ei abgezogen werden.

Kümmelsuppe (für 4 Personen).

1½ l Gemüsebrühe — 10 g Kümmel — $^1/_8$ l saure Sahne oder Milch — 60 g Butter — 60 g Mehl — Schnittlauch.

Die Gemüsebrühe mit 10 g Kümmel wird 20—30 Minuten gekocht. Unterdessen macht man aus Mehl und Butter eine bräunliche Schwitze, gibt diese zur Suppe hinzu und kocht alles noch einmal auf. Zuletzt wird Schnittlauch hineingegeben.

Zwiebelsuppe (für 4 Personen).

1 Zwiebel — 1 l Gemüsebrühe — 70 g Butter — 50 g Mehl — $^1/_8$ l saure Sahne — etwas Muskat — Petersilie — Schnittlauch.

Zuerst die Zwiebeln, dann das hinzukommende Mehl werden in Butter gelb geröstet, danach löscht man mit Gemüsebrühe ab und kocht ¼ Stunde. Dann wird die Suppe passiert, Muskat und Sahne hinzugefügt und zum Schluß Petersilie und Schnittlauch darüber gestreut.

Selleriesuppe (für 4 Personen).

1½ ℔ Sellerieknollen — ½ Zitrone — 2 l Wasser — 60 g Mehl — 60 g Butter.

Die Sellerieknolle wird geschält, in mit Zitrone gesäuertem Wasser gar gekocht, durch einen Wolf oder ein Sieb passiert. In einem Topf wird Butter mit Mehl hellgelb geschwitzt, das Kochwasser und der breiige Sellerie dazugetan und noch einmal aufgekocht. Der Geschmack wird erhöht, wenn etwas saure Sahne hinzukommt.

Lauchsuppe (für 4 Personen).

1 ℔ Lauchstengel (Porree) — 1½ l Gemüsebrühe — 100 g Butter — 60 g Mehl.

Einige Lauchstengel werden gesäubert und in kleine Würfel oder Streifen geschnitten, in Butter hellgelb gedünstet und mit etwas Mehl bestäubt. Nach dem Bestäuben wird Gemüsebrühe aufgegossen, und das Ganze mit Liebig, Dardex, Cenovis und Gewürzen abgeschmeckt.

Sauerampfersuppe (für 4 Personen).

800 g fr. Sauerampfer — 1½ l Wasser — ¼ l saure Sahne oder Milch — 1 Eigelb — 45 g Mehl — 30 g Butter.

Der Sauerampfer wird in Wasser abgewellt, durch den Wolf gedreht und im Wasser gargekocht. Man rührt Mehl und Sahne an und gibt die Butter dazu. Zuletzt wird die Suppe mit Eigelb abgezogen.

Sauerkohlsuppe (für 4 Personen).

¾ ℔ Sauerkohl — 1 l Wasser — 60 g Mehl — 60 g Fett — 150 g Speck — ½ Zwiebel — Saft von einer Zitrone — ⅛ l saure Sahne.

Das Sauerkraut wird mit Wasser und Zitronensaft weich gekocht. Inzwischen bräunt man die Zwiebeln im Fett gelblich und stäubt das Mehl darüber. Dann tut man den glasig ausgelassenen Speck mit den gebräunten Zwiebeln hinein und kocht alles auf. Vor dem Servieren gießt man die Sahne hinzu, die nicht kochen darf.

Rahmsuppe (für 4 Personen).

1 l Wasser — ½ l saure Sahne — 2 g Kümmel — 60 g Mehl.

1 l Wasser läßt man mit 2 g Kümmel kochen. Die saure Sahne verquirlt man mit dem Mehl, tut alles unter ständigem Rühren in das kochende Wasser und läßt alles einige Minuten kochen. Die Suppe wird mit Zitronensaft, Liebig, Cenovis abgeschmeckt.

Buttermilchsuppe (für 4 Personen).

1½ l Buttermilch — 20 g Mondamin — 1 Eigelb — 1 Eiweiß — Zucker und Zimt nach Geschmack.

Die Buttermilch wird mit dem Mondamin verrührt und unter ständigem Rühren zum Kochen gebracht. Mit Eigelb zieht man die Suppe ab und gibt Zucker nach Geschmack dazu. Von dem geschlagenen Eiweiß setzt man vor dem Servieren auf die Suppe mit einem Löffel Schneebällchen, die mit Zimt und Zucker bestreut werden.

Schweinebauch gefüllt mit Backpflaumen (für 4 Personen).

400 g fr. Schweinebauch — 250 g Backpflaumen — etwas Zitrone.

Das Stück Schweinebauch ohne Rippen im Quadrat oder Rechteck, wie man es braucht, wäscht man, beträufelt es mit

Zitronensaft und läßt es eine Zeitlang damit stehen. Dann legt man die gesäuberten Backpflaumen darauf, und rollt das Fleisch zu einer Rolle, die gut vernäht wird und in einer Bratpfanne mit wenig kochendem Wasser in den Ofen geschoben wird. Von Zeit zu Zeit gießt man Flüssigkeit nach und begießt den Braten, damit er schön braun wird. In 1½—2 Stunden ist er gar. Man nimmt ihn heraus und macht die Sauce fertig. Zu dieser verrührt man Sahne mit Mehl und gießt sie in die Pfanne und läßt aufkochen. Eine Prise Zucker macht die Sauce zarter. Zum Schluß gießt man einen Schuß Rot- oder Weißwein hinzu.

Geschmorte Kalbsmilch (für 4 Personen).

400 g Kalbsmilch — 150 g Butter — Mehl zum Wälzen — etwas Zitronensaft — Suppengrün.

Die Kalbsmilch wird ¼ Stunde in kaltem Wasser gewässert, wodurch sie sich leicht von der Haut und den Fetteilen befreien läßt. Danach wird sie blanchiert, d. h. mit kaltem Wasser aufgesetzt, bis zum Kochen gebracht, abgegossen und dann noch mal mit kaltem Wasser und Suppengrün angesetzt und 30 Minuten gekocht. Dann legt man sie auf ein Sieb, schneidet sie nach dem Erkalten in 1 cm dicke Scheiben, wälzt sie in Mehl und brät sie in Butter goldgelb. Die Scheiben werden in eine Kasserolle gelegt, und das Kochwasser hinzugegossen. Alles kocht zusammen nochmals auf und wird auf diese Weise sämig. Mit ein wenig Zitronensaft abgeschmeckt, bekommt das Gericht einen pikanteren Geschmack.

Schweinenieren (für 4 Personen).

400 g Schweinenieren — 250 g Butter — ½ Zwiebel — ¼ l Sahne — 30 g Mehl.

Butter und Zwiebeln werden gedämpft, die in Scheiben geschnittenen Nieren hineingetan und angeschmort. Sind sie schön braun, gießt man Gemüsebrühe oder Wasser an und schmort sie gar. Mehl und Sahne verquirlt gießt man an, um die Soße sämig zu machen. Man würzt mit wenig Pfeffer und etwas Zitronensaft.

Hammelfleisch mit Reis (für 4 Personen).

400 g mageres Hammelfleisch — 25 g Zwiebeln — 20 g Fett oder Butter — 125 g Reis — 10 g Sellerie — 2 Tomaten — ½ l Hammelbrühe — etwas Pfeffer.

Das fast gar gekochte Fleisch wird in Würfel geschnitten, mit den feingehackten Zwiebeln und dem Reis in der Butter gelb gebraten und mit Pfeffer gewürzt. Dann gibt man feingeschnittenen Sellerie und die Hammelbrühe hinzu und läßt alles zusammen garkochen. 10 Minuten vor dem Anrichten gibt man Tomaten kleingeschnitten oder als Pürree hinzu.

Kalbsvögerl (für 4 Personen).

4 Kalbsschnitzel — 80 g Fett — 20 g Butter — Brühe oder Wasser. Füllung: 30 g Butter — 60 g Champignons — 50 g Zwiebeln — 10 g Petersilie — 1 Ei — etwas Pfeffer.

Zu den in Butter angerösteten Zwiebeln und Petersilie tut man die feingehackten Champignons und dünstet sie darin weich, würzt sie und mischt nach dem Erkalten 1 Ei darunter. Diese Füllung wird auf die vorbereiteten Rouladen gestrichen, die man einrollt und in Fett schön braun anbrät.

Brühe oder Wasser füllt man zur Sauce auf und macht sie mit Mehl und nach Belieben mit etwas Sahne sämig.

Polnisch Crasy oder Pfefferklops (für 4 Personen).

500 g schieres Rindfleisch — 100 g Butter — etwas Pfeffer — Zwiebeln — Brühe oder Wasser — 20 g Mehl — nach Belieben 2 Tomaten.

Zwiebeln werden in Fett braun gedünstet, dann kommt das in ziemlich dicke Scheiben geschnittene und gewürzte Fleisch hinein und wird braun angebraten. Brühe oder Wasser wird an das Fleisch gegossen und weich geschmort. Durch Anrühren von Mehl macht man die Sauce sämig und schmeckt nochmals ab.

Statt Mehl kann man auch gerieb. Schwarzbrot hinzugeben, um die Sauce sämig zu machen.

Weißkohlauflauf mit Hammelfleisch (für 4 Personen).

400 g Kohl — 400 g Hammelfleisch — ½ l Gemüsebrühe — Pfeffer — Zwiebel.

Von dem geputzten Kohlkopf wird der Strunk entfernt, das Übrige in Achtel geschnitten und in Wasser überwellt. Nun läßt man den Kohl abtropfen.

Das Fleisch wird in Würfel wie zu Gulasch geschnitten und schichtweise in eine gut ausgebutterte Auflaufform gelegt. Mit dem Kohl beginnt man, darüber Fleisch, Zwiebeln, wenig Pfeffer, Kümmel, Kartoffelscheiben usw. bis die Form gefüllt ist.

Die Oberschicht bilden Kartoffelscheiben, die mit Butterflöckchen bedeckt werden. ½ l Gemüsebrühe gießt man über und bäckt im Ofen bei mäßiger Hitze.

Kochrezepte. 71

Kohl auf russische Art (für 4 Personen).

2 ℔ Kohl — 250 g Schweinefleisch — 150 g Rindfleisch (beides gemahlen) — 40 g Butter — ¼ l Gemüsebrühe — ⅛ l Sahne — Semmelbrösel — Kümmel — Pfeffer — Muskat.

Der gesäuberte Kohlkopf wird in fingerdicke Scheiben geschnitten und der Strunk entfernt. Dann wird abwechselnd in einen festschließenden, gut ausgebutterten Topf Kohl und Fleisch gelegt, über jede Gemüseschicht etwas geriebene Semmel, 1 Prise Muskat und Kümmel gestreut und etwas Sahne und Gemüsebrühe übergossen. Oben auf den Kohl legt man Butterflöckchen, und die übrige Flüssigkeit wird darüber gegossen, so daß alles oben bedeckt ist.

Rindfleisch mit Ei und Tomate (für 4 Personen).

400 g Rindfleisch — 4 Eier — 400 g Tomaten — 60 g Butter — ½ Zwiebel — Suppengrün.

Das Rindfleisch wird in Wasser mit Suppengrün gargekocht. Danach nimmt man es heraus, schneidet dünne, kleine Scheiben daraus. Unterdessen dünstet man Zwiebeln in Butter auf einer Pfanne, schneidet Tomaten in Scheiben dazu, legt die Fleischstückchen darauf, gießt von der Fleischbrühe an und dämpft alles eine Weile durch. Dann schlägt man die Eier darüber, die wie Setzeier ganz bleiben müssen und richtet auf einer Platte an. Man kann das Gericht auch in einer feuerfesten Form bereiten und in dieser gleich servieren.

Schweinerippchen in Bier (für 4 Personen).

400 g Schweinerippchen — 150 g Butter — 1½ l Braunbier oder Weißbier — 1 Zitrone — Kochpfefferkuchen — Gewürzkörner — Lorbeerblatt.

Die vorbereiteten Schweinerippchen werden in Butter angeschmort. Sind sie schön braun, gießt man das Bier mit dem darin geweichten Kochpfefferkuchen dazu und tut Gewürz, Lorbeerblatt und Zitronenscheiben hinzu. Ist das Fleisch gar, nimmt man es heraus und macht die Sauce fertig, indem man, wenn nötig, Kartoffelmehl anrührt und mit Cenovis, Liebig und Carnolactin abschmeckt.

Szegediner Gulasch (für 4 Personen).

400 g Rindfleisch — 150 g Butter — ½ ℔ Sauerkohl — 100 g Fett — Zwiebel — Pfeffer — Nelken — Kümmel.

Feingeschnittene Zwiebeln werden in Butter goldgelb geröstet. Das Fleisch wird in große Würfel geschnitten, mit Zitronensaft beträufelt und mit Pfeffer und Nelken bestreut, hinzugegeben. Ist das Fleisch fast weich, tut man den vorher mit Kümmel gar gekochten Sauerkohl dazu und läßt das Ganze noch kurze Zeit dämpfen. Das Gericht wird noch einmal mit den genannten Gewürzen abgeschmeckt, man fügt saure Sahne und einen in Wasser aufgelösten Eßlöffel Mehl hinzu und läßt alles zusammen gut aufkochen.

Gespickte und gedämpfte Leber (für 4 Personen).

400 g Leber — 150 g Butter — 60 g Mehl — Gemüsebrühe — Zwiebel — Zitrone.

Die Leber wird 10 Minuten in lauwarmes Wasser gelegt, gehäutet und mit gleichmäßigen Speckstreifen gespickt. Dann gibt man die Leber mit Zwiebeln in heißes Fett, läßt sie auf allen Seiten anbraten, füllt etwas Gemüsebrühe dazu und läßt sie vollends gardämpfen. Kurz vor dem Anrichten macht man die Sauce mit dem Mehl sämig und seiht sie durch. Sie wird abgeschmeckt mit Zitronensaft und Rotwein.

Gewürztes Kalbsherz (für 4 Personen).

400 g Kalbsherzen — 150 g Speck — Zwiebeln — Pfeffer — Nelken — Wacholderbeeren — 1 Zitrone — geriebenes Brot.

Rein gewaschene Kalbsherzen werden in Würfel, wie zu Gulasch geschnitten, mit Zitronensaft beträufelt und mit wenig Pfeffer bestreut. Speck und Zwiebeln werden goldgelb gedämpft; dann legt man das Fleisch hinein und schmort es braun. Etwas geriebenes Brot, einige gestoßene Nelken und Wacholderbeeren streut man darüber, gießt Gemüsebrühe an und läßt alles gar werden.

Graupen mit Pflaumen (für 4 Personen).

500 g dicke Graupen — 1 l Wasser — 150 g Speck — 250 g getrocknete Pflaumen — Zucker oder Sirup nach Geschmack.

Die Graupen werden in Wasser weichgekocht und mit den Pflaumen, die allein gargekocht werden, vermischt. Der ausgebratene Speck wird hinzugefügt und alles mit Zucker oder Sirup noch einmal durchgekocht.

Heringe.

Grüne Heringe werden gesäubert, in Mehl gewälzt und in Öl oder Fett gebraten.

Kochrezepte. 73

Man legt sie in eine Tunke ein, in der sie zwei Tage durchziehen müssen.

Tunke: Zitronenessig, Estragonessig oder ganz wenig gewöhnlichen Essig, Wasser, Zwiebelscheiben, Gewürzkörner und Lorbeerblatt.

Heringe in Gelee.

Grüne Heringe werden gesäubert, in kleine Portionen geteilt, in kochendem Wasser mit Gewürzen einmal überwellt und dann herausgenommen.

In das Kochwasser tut man Gelatine, Zitronensaft und Estragonessig. Die Portionen legt man in eine Schüssel, gießt die Flüssigkeit durch ein Sieb darüber und stellt kalt zum Steifwerden.

Auf 1 l Flüssigkeit rechnet man 12 Blatt Gelatine.

Fischauflauf.

Gekochte Fischreste werden schichtweise mit in Scheiben geschnittenen, gekochten Kartoffeln und ausgebratenen Speckwürfeln, Zwiebeln, Petersilie in eine feuerfeste Auflaufform gesetzt und mit Gemüsebrühe, Eier, die in Sahne verquirlt sind, übergossen und mit geriebenem Käse überstreut und im Ofen gebacken.

Gefüllte Eier.

Hart gekochte Eier werden geschält und der Länge nach halbiert. Die Eigelb werden vorsichtig herausgenommen. Zu dem Eigelb wird Speiseöl, Zitronensaft, eine Kleinigkeit Pfeffer und Schnittlauch mit einer Gabel gemengt. Die Masse wird in Kugeln geformt und in die ausgehöhlten Eiweißhälften gefüllt.

Buntes Gemüse (für 4 Personen).

½ ℔ Apfel — ½ ℔ Sellerie — 1 ℔ Kartoffeln — ½ ℔ Rosenkohl — 1 l Gemüsebrühe — 100 g Butter — 60 g Mehl — Muskat — Zitronensaft.

Die geschälten in Würfel geschnittenen Kartoffeln werden weich gedämpft und der Rosenkohl und Sellerie getrennt gekocht.

Aus Butter, Mehl und Gemüsebrühe wird eine Sauce bereitet und die geschälten, ebenfalls in Würfel geschnittenen Äpfel, kochen darin weich. Dann werden Kartoffeln, Rosenkohl und Sellerie dazu gegeben, das Ganze mit Muskat und 1—2 Löffel Zitronensaft abgeschmeckt.

Krautsalat.

Ein kleiner Kopf Wirsingkohl wird fein gehobelt und mit 4—5 Eßlöffel Speiseöl vermischt. Vor dem Anrichten etwas Pfeffer, Zucker, Zitronensaft, gewiegte Zwiebeln und Petersilie darunter mengen.

Rettichsalat.

Der geschälte Rettich wird auf einer groben Raffel gerieben und mit etwas süßer Sahne vermengt, daß er gerade saftig ist. Man reicht so den Rettich zu Butterbrot.

Sauerkrautsalat und Mayonnaise.

Nach dem üblichen Rezept selbst hergestellte Mayonnaise mischt man unter das kleingeschnittene rohe Sauerkraut. Man schmeckt den Salat mit Zitronensaft ab.

Haferflockenbrätlinge (für 4 Personen).

150 g Haferflocken — $\frac{1}{4}$ l Gemüsebrühe — 1 Ei — 1 Löffel Mehl — etwas geriebene Zwiebel — gehackte Petersilie — geriebene Semmel zum panieren.

Die Haferflocken werden mit der heißen Gemüsebrühe übergossen und müssen quellen, bis ein dicker Brei entsteht. Dann wird dieser mit dem Ei und Mehl vermischt, mit Zwiebeln und Petersilie gewürzt und zu Frikadellen geformt, die in geriebener Semmel gewälzt und in Butter gebraten werden.

Gemüsekotelett (für 4 Personen).

Kohl, Kohlrüben oder Kohlrabi — Spinat — Salat — Sellerie. Ganz nach Geschmack zusammengesetzt, von jeder Art 100 g.

Das Gemüse in Streifen wie Nudeln schneiden, in Butter dämpfen, auskühlen lassen, 2 Eier, geriebenen Käse und geriebenes Brot untermengen. In Butter als Kotelett geformt braten.

Tomaten mit Brot gebacken (für 4 Personen).

200 g Vollkornbrot — 600 g Tomaten — 100 g Butter — 1 Zwiebel — 50 g Käse — $\frac{1}{8}$ l Sahne — 200 g Tomaten zum Püree — Petersilie.

In eine ausgebutterte Auflaufform legt man schichtweise geröstete Brotscheiben, Tomaten in Scheiben, Käse, gedämpfte Zwiebeln und Petersilie, obenauf ungeröstetes Brot, Zwiebeln und Petersilie. Über das Ganze gießt man das mit Gemüsebrühe verdünnte Tomatenpüree und die Sahne. Mit Butterflöckchen belegt, bäckt man es 20—30 Minuten im Ofen.

Sahnenkartoffeln (für 4 Personen).

700 g Kartoffeln — 150 g Butter — 1 Ei — $\frac{1}{4}$ l Sahne — Schnittlauch.

Die gekochten und geschälten Kartoffeln werden in Scheiben oder Würfel geschnitten und auf der Pfanne in Butter hellgelb angebraten. Dann schüttet man sie in einen Topf, gießt Sahne mit Ei und Schnittlauch verquirlt darüber und läßt alles unter vorsichtigem Umrühren dicklich werden.

Pikanter Kartoffelauflauf (für 4 Personen).

$1\frac{1}{4}$ ℔ Kartoffeln — 70 g Butter — 80 g gerieb. Käse — 3 Eigelb — $\frac{1}{4}$ l saure Sahne.

Die Kartoffeln werden geschält, gekocht und wenn sie gar sind, abgegossen und durch ein grobes Sieb gerührt. Der Kartoffelbrei wird mit der Sahne, dem Eigelb und dem geriebenen Käse langsam verrührt. Wenn der Teig möglichst schaumig gerührt ist, wird zum Schluß das steife Weiß der Eier locker untergezogen. Der Teig wird in einer Auflaufform gebacken und die Butter in Flocken oben aufgelegt.

Gefüllte Kartoffeln (für 4 Personen).

400 g große runde Kartoffeln — $\frac{1}{2}$ Brötchen — 1 Ei — Champignons — Petersilie — Zwiebel — etwas saure Sahne.

Recht runde große Kartoffeln werden geschält und ausgehöhlt. Von jeder Kartoffel schneidet man unten eine Scheibe ab, damit sie in dem Topf oder Pfanne während des Gardämpfens nebeneinander stehen können. Aus Brötchen, Eiern, Champignons, Petersilie, Zwiebeln, Gewürz nach Geschmack, macht man einen Teig und füllt damit die Kartoffeln. Die abgeschnittenen Deckel der Kartoffeln werden darauf getan. Man setzt sie dicht nebeneinander in eine Pfanne oder Topf und läßt sie in Butter gar dämpfen. Die Sauce wird mit Zitronensaft und saurer Sahne abgeschmeckt.

Kartoffeln mit Äpfeln (für 4 Personen).

250 g Kartoffeln — 150 g Äpfel — 30 g frische Butter oder 50 g salzlosen fetten Speck — Zwiebeln.

Die Kartoffeln werden geschält, in Würfel geschnitten und in Gemüsebrühe fast gar gekocht. Die Äpfel werden ebenfalls geschält, in Würfel geschnitten und mit den Kartoffeln vollständig gar gekocht. Zum Schluß werden die Zwiebeln in Butter oder Speck gebraten und über Kartoffeln und Äpfel gegossen.

Kartoffelklöße (für 4 Personen).

200 g Kartoffeln — 1 Löffel Mehl (die Menge des Mehles richtet sich nach der Art der Kartoffeln) — 1 Ei — etwas Zucker — ½ Semmel — 20 g Butter.

Die Kartoffeln werden am Tage vor dem Gebrauch als Pellkartoffeln gekocht und geschält, am nächsten Tage gerieben oder durch den Wolf gedreht, mit Mehl, Eiern, Zucker und gerösteten Semmelwürfelchen vermengt. Man formt Klöße von beliebiger Größe und läßt sie in langsam kochendem Wasser gar werden. Die Klöße sind gar, sobald sie oben schwimmen.

Reisküchlein (für 4 Personen).

200 g Reis — ½ l Milch — Zitronenschale — Zucker.

Der Reis wird gewaschen, zweimal mit kochendem Wasser überbrüht und mit Milch und Zitronenschale weich und dick gekocht. Alsdann gibt man Zucker und Ei dazu und formt mit nassen Händen runde Küchlein. Man wendet diese in Mehl oder geriebener Semmel und bäckt sie in heißem Fett auf beiden Seiten schön gelb. Wenn sie noch heiß sind, bestreut man sie mit Zucker und Zimt. Man gibt Obstsaft oder geschmortes Obst dazu.

Hefeklöße (für 4 Personen).

200 g Mehl — 10 g Butter — 15 g Zucker — ⅛ l Wasser — 15 g Hefe.

Die Hefe in einer halben Tasse lauwarmem Wasser gut auflösen und mit Mehl zu einem Hefestück verarbeiten. Dieses lasse man zugedeckt an einem warmen, zugfreien Ort aufgehen. Danach gibt man die zerlassene Butter, Zucker, Ei, abgeriebene Zitronenschale und den Rest Mehl dazu. Alles wird zu einem Teig vermengt und gut durchgearbeitet. Dann formt man mittelgroße Klöße daraus, die auf einem mit Mehl bestreuten Blech noch einmal aufgehen müssen. Nach dem Aufgehen kocht man die Klöße etwa 10 Minuten in Wasser und reißt sie nach dem Herausnehmen mit zwei Gabeln auf, damit der in ihnen befindliche Dampf herausgeht. Man übergießt die Klöße mit brauner Butter und bestreut sie mit Zimt und Zucker oder gibt Obsttunken oder geschmortes Obst dazu.

Hefeplinse (für 4 Personen).

200 g Mehl — 10 g Zucker — ¼ l Milch — 15 g Hefe.

Die Hefe wird in ¼ l lauwarmer Milch aufgelöst. Dazu rührt man allmählich das Mehl und die Zutaten. Der dickflüssige Brei muß an einem warmen, zugfreien Ort etwa ½ Stunde aufgehen, dann bäckt man ihn portionsweise, in der mit Speckschwarte eingeriebenen Pfanne. Die auf beiden Seiten lichtgelb gebackenen Plinsen, die so dick, wie ein Messerrücken sein sollen, werden mit zerlassener Butter bestrichen, mit Zucker bestreut und zusammengerollt.

Aprikosenspeise (für 4 Personen).

¼ ℔ Aprikosen — 12 Blatt Gelatine — Zucker — Zitronensaft.

Die Aprikosen werden weich gekocht und durch ein Sieb gerührt. Diese Menge mißt man dann ab und füllt sie bis zu einem Liter auf. Zucker und Zitronensaft fügt man ganz nach Geschmack hinzu. 12 Blatt Gelatine löst man auf und gibt sie zum gelieren dazu.

Gemischter Obstsalat (für 4 Personen).

2 Äpfel — 2 Bananen — 2 Apfelsinen — 2 Birnen — nach Belieben 200 g gehackte Nüsse.

Das Obst wird dünn geschält, Äpfel und Birnen gleich mit Zitronensaft beträufelt — damit sie nicht braun werden — in feine Scheiben oder Würfel geschnitten, gezuckert und mit etwas Kognak, Rum oder Arrak begossen; dieser ist allerdings nicht unbedingt erforderlich. Möglichst auf Eis oder in einem kühlen Raum läßt man den Salat eine Weile ziehen.

Erdbeer-, Himbeer-, Johannisbeersalat.

150 g Erdbeeren — 150 g Johannisbeeren — 150 g Himbeeren — 5 Teelöffel Kognak oder Rum — 200 g Zucker.

Die Früchte werden gesäubert und gemischt, mit Zucker bestreut und der Kognak darüber gegossen. An kühlem Ort läßt man den Salat eine Zeit ziehen.

Luisenspeise (für 4 Personen).

Man bereitet eine dicke Vanillecreme, gibt in eine Glasschale Backwerk mit Rum getränkt und die Vanillecreme darüber.

Nun legt man Früchte in Scheiben darüber und auf diese etwas Fruchtgelee. Vanillecreme: ½ l Sahne — ½ Schote Vanille — 100 g Zucker — 2 Dotter — 1 ganzes Ei — 1 Teelöffel Mehl oder Mondamin.

Einen Eßlöffel Sahne zurücklassen, die übrige Sahne kocht man mit der Vanillenschote und Zucker auf, läßt sie auskühlen und gießt sie durch ein Sieb. Dann quirlt man Dotter, das ganze Ei und Mehl mit der übrigen Sahne glatt, gibt die gekochte Sahne hinzu und schlägt die Creme im Wasserbad bis sie dick und schaumig ist. Dann nimmt man sie vom Feuer, stellt sie in kaltes Wasser und schlägt sie weiter bis zum Auskühlen.

Kakaocreme (für 4 Personen).

½ l Milch oder süße Sahne — 4 Eigelb — 4 Teelöffel Kakao — 50 g Zucker — 1 Blatt Gelatine — ½ l Schlagsahne.

Alles wird auf langsamem Feuer bis zum Kochen verrührt und zum Schluß, wenn die Creme abgekühlt ist, die geschlagene Sahne darunter gezogen und zum Steifwerden kaltgestellt.

Äpfel- und Mohrrübenkompott (für 4 Personen).

1 ℔ Mohrrüben — 1½ ℔ Äpfel — Sahne — Zitronensaft — Zucker.

Die Mohrrüben werden gründlich gesäubert und auf einer feinen Raffel gerieben. Die Äpfel wäscht man und trocknet sie ab und reibt sie auch auf einer Raffel oder Glasreibe. Damit der Brei nicht braun wird, träufelt man etwas Zitronensaft darüber. Nachdem beides gerieben ist, gießt man etwas süße Sahne an und gibt Zucker nach Geschmack hinzu, wenn nötig, gießt man noch etwas Zitronensaft an. Das Ganze muß eine kräftig rosa Färbung haben.

Äpfel im Schlafrock (für 4 Personen).

Mürbeteig: ¼ ℔ Zucker — ½ ℔ Butter — 1 ℔ Mehl — 1—1½ Eier.

Alles zusammen kalt verkneten, am besten einen Tag vor Gebrauch, damit der Zucker sich besser auflöst.

Von 4 Äpfeln wird das Kerngehäuse herausgestochen, dann werden die Äpfel geschält und in die Höhlung wird Marmelade gefüllt. Der Mürbeteig wird ausgerollt in 8 cm große Quadrate geschnitten, der Apfel in die Mitte gelegt, die Ecken über Kreuz zusammengelegt und das Ganze mit Ei bestrichen. Auf eingefetteten Blechen werden die Äpfel bei mäßiger Hitze goldgelb gebacken.

Kochrezepte. 79

Apfelstrudel.

Teig: 335 g Mehl — $^1/_{16}$ l (175 g) Wasser — 35 g Butter — ½—1 Ei.
Füllung: 175 g Mandeln, 2 Äpfel — 175 g Rosinen — 675 g Brösel — 175 g Butter.

Man gibt das Mehl in eine Schüssel oder auf ein Nudelbrett, macht in der Mitte eine Grube.

Ins lauwarme Wasser gibt man Butter und Ei, verrührt dies und gießt sie nach und nach zum Mehl. Verarbeitet dies zu einem Teig, den man mit der Hand so lange schnell knetet bis er ganz glatt ist, dann deckt man ihn mit einem Tuch oder einer angewärmten Schüssel zu und läßt ihn mindestens ½ Stunde ruhen. Hierauf wird ein Tischtuch ausgebreitet, mit Mehl bestäubt und der Strudelteig zunächst etwas ausgewalkt, dann mit den Händen ausgezogen bis er ganz dünn und durchsichtig ist; dies machen am besten zwei Personen.

Den dickbleibenden Rand schneidet man weg und streicht dann auf ⅔ des Teiges die Füllung auf: geröstetes in Würfel geschnittenes Weißbrot (Brösel), blättrig geschnittene Äpfel — Zucker — Rosinen oder Sultaninen — und nach Belieben in Stifte geschnittene Mandeln. Man kann diese Zutaten alle in einem Gefäß vermengen und dann auf den Teig streichen.

Das freie Drittel wird mit zerlassener Butter betropft und nun rollt man den Strudel, von der mit der Füllung bestrichenen Seite anfangend, ein.

Der fertige Strudel wird mit zerlassener Butter bestrichen und 20—30 Minuten im Ofen gebacken. Noch warm, wird er mit Puderzucker bestreut und serviert.

Verlag von Julius Springer / Berlin

Moderne Ernährungstherapie für die Praxis des Arztes. Von Dr. **Rudolf Franck**, Facharzt für innere Krankheiten und Stoffwechselkrankheiten in Leipzig. Mit 3 Abbildungen. V, 184 Seiten. 1931. *(Verlag von F. C. W. Vogel, Berlin.)* Gebunden RM 7.50

Ernährung, Diätküchen, Kostformen. Bearbeitet von L. **Kuttner**, K. **Isaac-Krieger**, D. **Kwilecki**. (Bildet Band VI der „Handbücherei für das gesamte Krankenhauswesen", herausgegeben von Adolf Gottstein.) Mit 11 Abbildungen und 3 Tafeln. IV, 143 Seiten. 1930. RM 10.40; gebunden RM 12.—

Lehrbuch der Diätetik des Gesunden und Kranken für Ärzte, Medizinalpraktikanten und Studierende. Von Professor Dr. **Theodor Brugsch**. Zweite, vermehrte und verbesserte Auflage. X, 313 Seiten. 1919. Gebunden RM 8.40

Allgemeine diätetische Praxis. Von Professor Dr. med. **Chr. Jürgensen**, Kopenhagen. XIII, 470 Seiten. 1918. RM 18.—

Kochlehrbuch und praktisches Kochbuch für Ärzte, Hygieniker, Hausfrauen, Kochschulen. Von Professor Dr. med. **Chr. Jürgensen**, Kopenhagen. Mit 31 Figuren auf Tafeln. XXXVI, 465 Seiten. 1910. RM 8.—; gebunden RM 9.—

Diätetische Küche für Klinik, Sanatorium und Haus zusammengestellt mit besonderer Berücksichtigung der Magen-, Darm- und Stoffwechselkrankheiten. Von Dr. A. und Dr. H. **Fischer**. V, 258 Seiten. 1913. Gebunden RM 6.30

Lehrbuch der Ernährungstherapie für innere Krankheiten. Von Professor Dr. med. F. **Klewitz**, Königsberg i. Pr. VIII, 138 Seiten. 1925. RM 6.—; gebunden RM 7.50

Die Ernährung des Menschen. Nahrungsbedarf. Erfordernisse der Nahrung. Nahrungsmittel. Kostberechnung. Von Professor Dr. **Otto Kestner**, Direktor des Physiologischen Instituts an der Universität Hamburg, und Privatdozent Dr. **H. W. Knipping**, früherem Assistenten des Physiologischen Instituts an der Universität Hamburg. Dritte Auflage. Mit zahlreichen Nahrungsmitteltabellen und 10 Abbildungen. VI, 136 Seiten. 1928. RM 5.60

Der Vitamingehalt der deutschen Nahrungsmittel. Von Dr. **Arthur Scheunert**, o. ö. Professor und Direktor des Tierphysiologischen Instituts der Universität Leipzig. (Bildet Heft 8 der Sammlung „Die Volksernährung".)
Erster Teil: Obst und Gemüse. Zweite, ergänzte Auflage. Mit 3 Abbildungen. IV, 40 Seiten. 1930. RM 2.40
Zweiter Teil: Mehl und Brot. Mit 8 Abbildungen. III, 25 Seiten. 1930. RM 1.80

MIX
Papier aus verantwortungsvollen Quellen
Paper from responsible sources
FSC® C105338

If you have any concerns about our products,
you can contact us on
ProductSafety@springernature.com

In case Publisher is established outside the EU,
the EU authorized representative is:
**Springer Nature Customer Service Center GmbH
Europaplatz 3, 69115 Heidelberg, Germany**

Printed by Libri Plureos GmbH
in Hamburg, Germany